Joachim Heberlein

YOUNG GENERATION NETWORK-MARKETING

Im Geschäftsmodell des 21. Jahrhunderts zur finanziellen Freiheit

Biografische Informationen der Deutschen Nationalbibliothek:
Die Deutsche Nationalbibliothek verzeichnet diese Publikation in der Deutschen Nationalbibliografie; detailierte bibliografische Daten sind im Internet abrufbar über
http://dnb.d-nb.de

ISBN:
978-3-96566-005-2

Impressum
Verlag:
REKRU-TIER GmbH, München

INHALT

1. Kapitel:

Joachim Heberlein – Europas Top-Networker mit Herz

1.1	Ein neuer Weg: Leadership by heart	9
1.2	Positives Handeln durch positives Denken	18
1.3	Druck von gestern = Sog von heute	25
1.4	Kampf der Werte	28
1.5	Alles online, oder was? Neue Trends im Netz	35
1.6	Das zweischneidige Schwert der Einseitigkeit	39
1.7	Wenn der eigene Nachwuchs nachrückt	48
1.8	Unzufriedenheit als Triebfeder	58

2. Kapitel:

Marcel Heberlein – neue Pfade, andere Wege

2.1	Kraft der Vorbilder: Kapieren statt kopieren	63
2.2	Rein ins Abenteuer	68
2.3	Werte als Startrampe des Erfolgs	73
2.4	Die Notwendigkeit für einen Plan B	74
2.5	Gestaltung von Freiheit	79
2.6	Globales Handeln im Network-Marketing	81
2.7	Dem „Jung sein“ auf den Leim gegangen	87
2.8	Mindsetting ist noch lange nicht genug	92
2.9	Die Kunst ein Menschenkenner zu sein	96

INHALT

3. Kapitel:

Sandro Heberlein – zuhause im Netz

3.1 Hoppla, hier kommt ein Digital Native 108
3.2 Krasse Kontraste 113
3.3 Arbeiten im Morgen, Stagnieren im Heute 118
3.4 Partnergewinnung – die Taktik entscheidet 122
3.5 Online und offline – jeder wie er will und kann 124
3.6 Chancen verteilen – Gelegenheiten ergreifen 128

4. Kapitel:

Linda Heberlein – erst fühlen, dann, machen!

4.1 Mangels Erfahrungen entscheidet der Bauch 136
4.2 Mein neuer Job – das unbekannte Wesen 139
4.3 Wenn aus Naserümpfen Anerkennung wird 142
4.4 Erfolg von innen 146
4.5 Achtung: Wenn Begeisterung begeistert 148
4.6 Als junge Frau zum Ziel 152
4.7 Mut zum Anderssein! Hallo, neue Welt 156

PROLOG:

Es war einmal ... okay, so fangen nur Märchen an, für deren lange Erzählungen wir heutzutage kaum noch Zeit haben. Flott muss es gehen, schnell, schnell, zwei Klicks, maximal, und dann sollte man am Ziel sein. Am liebsten im „Netz der Welt", auch Internet genannt. Aber eine wirklich imposante Geschichte hören wir heute deshalb immer noch gern. Der Markt für Hörbücher boomt, die kurz erzählten Stories via YouTube werden massenweise konsumiert, rasen viral durchs Netz, und auch in der Werbung gilt der Satz: „Erzähl' eine gute Geschichte, sie muss ja nicht stimmen ...!"

Stopp! Unsere Geschichte stimmt! Und sie ist gut und ebenso kurz erzählt:

„Ich habe ein Abitur, ein abgeschlossenes Studium, nur die besten Noten und verdiene nun einen Haufen Geld ...!", sagte der junge Mann und lächelte. Sein altgedienter, ernst dreinblickender Gegenüber verdrehte fast die Augen: „Klar!", sagte er. „Kein Wunder. Gut, dass Du auf Deine Eltern gehört hast, immer fleißig warst, kräftig gelernt hast und aus Dir was gemacht hast. Jetzt hast Du dadurch in einem Unternehmen einen guten Job bekommen, kannst Dich nach oben arbeiten und viel Geld verdienen!" Darauf lachte der junge Mann, schüttelte den Kopf und sagte: „Nein, ich bin aktiv im Network-Marketing und bestimme selbst meine Regeln ...!"

Der reife Mann war geschockt, konnte es kaum fassen und wollte gerade etwas entgegnen, als er eine junge, charmante Frau sah, die freudig lächelnd an den beiden vorbeiging. Er hielt sie an und sagte: „Entschuldigen Sie bitte. Sie sehen in ihren jungen Jahren schon so aus, als ob sie sehr erfolgreich wären. Verraten Sie mir Ihre Abiturnote und was Sie studiert haben?“, fragte er freundlich lächelnd. „Oh, das tut mir leid!“, sagte die junge Frau, die etwa Anfang zwanzig war. „Ich habe keinen Schulabschluss, habe nie studiert – aber Erfolg habe ich trotzdem. Denn ich bin immer gut drauf, stecke andere mit meiner guten Laune an, denke positiv und verdiene damit gutes Geld – mehr als mein überqualifizierter Bruder, der mit Top-Abschlüssen in einer Bank ackert und seinen Chefs in den Hintern kriecht …!“
„Wie geht das?“, fragte der ältere Mann verdutzt. „Ich bin selbstständig und aktiv im Network-Marketing!“, lachte sie. „Waaaaas? Sie machen auch Empfehlungs-Marketing, genauso wie der junge Mann hier neben mir?“, hakte der ältere Mann beinahe entsetzt nach. Da lachten die beiden jungen Menschen und sagten: „Ist es nicht Ihre Generation, die uns Youngstern immer dazu rät, nicht vorschnell zu urteilen? Machen Sie sich doch einfach selbst einmal ein Bild. Wir laden Sie herzlich ein, ein Teil unseres Teams zu werden ...!“
Wenige Wochen später sah man den älteren Mann, jetzt mit dem entspannten Lächeln der unternehmerischen Freiheit auf dem Gesicht, wie er sowohl mit jungen als auch älteren Frauen und Männern sprach und von den Vorzügen des Network-Marketings schwärmte und diese dabei anschaulich erklärte ...

„FÜR DIE PROGRAMMIERUNG IN DEINER KINDHEIT BIST DU NICHT VERANTWORTLICH. ALS ERWACHSENER ALLERDINGS ZU 100 PROZENT FÜR DIE REPARATUR ...!“

1. KAPITEL

JOACHIM HEBERLEIN – Europas Top-Networker mit Herz

STECKBRIEF:

Glücklicherweise liebe ich meinen Beruf und musste deshalb nie „arbeiten". Das ist die pure Freiheit: Die Rede ist vom genialen Network-Marketing-Business. Leute, mehr Erfüllung – neben Kindern und Enkelkindern – kann man beinahe gar nicht in einem Leben erfahren. Dieses sensationelle Geschäft hat mir alle Türen und Tore zum Glück geöffnet. Ich konnte meiner Familie mehr bieten, als wir uns jemals erträumt hätten, weil ich finanziell unabhängig wurde. Zudem hatte ich immer genug Freizeit, um für meine Familie da zu sein und habe mich auch deshalb mit Freude und Hingabe meinem Job widmen können, der für mich eher Freizeitgestaltung mit beruflichem Hintergrund ist. Denn wer sein Hobby zum Beruf macht, der arbeitet gar nicht wirklich, sondern lebt ein ganz besonderes Leben – als Chancenverteiler. Ja, so sehe ich mich. Denn das Tolle ist: Als aktiver Networker kann ich jeden Tag Menschen glücklich machen, ihnen Perspektiven und viele attraktive Möglichkeiten bieten. Und das mit einem top Team, das extrem motiviert ist, Lust auf Erfolg hat und sich zum Ziel gesetzt hat, Vieles an andere zurückzugeben. Ich denke, da habe ich allen Grund glücklich zu sein. Dies alles zusammen hat mich zu einem der erfolgreichsten Networker Europas gemacht – mit Top-Teams in Deutschland, Skandinavien, Österreich, Polen und über 50 anderen Nationen. Und als Krönung sind auch meine beiden Söhne Marcel und Sandro mit dabei – die „Young Generation" ist also bei uns mitten im Geschäft, in diesem Abenteuer mit Namen Network-Marketing!

1.1. Ein neuer Weg: LEADERSHIP BY HEART

Merkt Ihr was, wenn Ihr Euch die eingangs erzählte Geschichte durch den Kopf gehen lasst? Voneinander zu lernen, hat noch niemandem geschadet. Die Jungen von den Älteren und umgekehrt. Wenngleich der ältere Mann in der Geschichte anfangs nach dem alten Prinzip handelt: Es kann nicht sein, was nicht sein darf! Habt Ihr das nicht auch schon mal erlebt? Ich schon! Und dann fällt einem fast das Gesicht vor Erstaunen aus dem Kopf: „Gibt's doch nicht!", lautet die erste Reaktion. Und warum haut es uns bei solchen Überraschungen regelrecht um? Weil fast alle zuvor gesagt haben (und ich meine wirklich fast alle): „Das geht nicht. So funktioniert das nicht! Das tut man nicht! Das darf man nicht! Das wurde schon immer so gemacht ...!" Diese hohlen Phrasen haben aber immer nur solange Gültigkeit, bis einer kommt, der sich nicht um das Gerede der anderen schert und es eben doch anders macht. Und wenn es dann auch noch funktioniert, sind alle baff. Surprise! Surprise!

Den Mut, solche ausgetrampelten Pfade zu verlassen, hat nicht jeder – die junge Generation aber meistens schon. „Young Generation" – ein moderner Slogan, ein Schlagwort unserer Zeit. Aber was bedeutet das eigentlich? Ist damit nur gemeint, wer biologisch jung ist? Ist es nur der- oder diejenige, bei dem die Lebensuhr noch nicht lange tickt? Ich glaube nicht. Meiner Erfahrung nach bedeutet „jung" gerade heutzutage viel mehr. „Young Generation", das sind meines Erachtens eben nicht nur die jungen, dynamischen Menschen, die gerade mal 18, 20 oder 22 Jahre alt sind. Nein, das sind auch die „älteren Wilden", die „ungebändigt Erfahrenen". Das sind ebenso Frauen und Männer meines Alters, die heute noch trotz oder wegen gemachter Lebenserfahrung von sich sagen: „Da geht noch was, da geht noch mehr. In mir steckt noch so viel Energie, so viel Lust auf Neues und auf neue Erfahrungen, Erlebnisse und Abenteuer". Mal ehrlich, warum sollte sonst ein Opa wie ich – und ich bin ja ein echter Opa von einem tollen Enkel – sonst hier in diesem Buch auftauchen? Die Antwort auf diese Frage lautet: Weil ich schon etwas länger „jung" bin und damit zur „Young Generation" gehöre. Seit rund 35 Jahren habe ich viele tausende Menschen auf den Weg zum Erfolg begleiten dürfen. Daher kann ich mit voller Überzeugung sagen: Es gibt Menschen, die jung an Jahren sind, aber leider im Kopf total verstaubt sind. Und es gibt ältere Menschen, die „jung & dynamisch" sind, so handeln und ebenso denken. Daher steht für mich der Begriff „Young Generation" primär für Menschen – egal welchen Alters, Hautfarbe, Ausbildung oder Herkunft –, die aus ihrem Leben bzw. auch aus dem Rest ihres Lebens das BESTE machen wollen. Dabei gilt nach wie vor der Leitsatz: Der kürzeste Weg an die Quelle ist gegen den Strom zu schwimmen! Egal, ob man dieser These gewollt und mit Vorsatz oder ungewollt aus dem Bauch heraus folgt! Klar, dieser Weg kann mehr Kraft kosten, aber er hat den Vorteil kurz zu sein. In der Kürze liegt die Würze! Und damit benötigt der Weg zum Ziel in diesem Fall auch weniger Zeit. Zudem hechelt man den anderen nicht permanent hinterher, sondern setzt selber Trends. Die schlimmste Aussage, welche Menschen machen können, ist: „Ich warte auf meine Rente!" Bei den meisten reicht es schon jetzt nicht für die Erfüllung ihrer Träume und wenn die Rente kommt, geht es meistens erst recht finanziell stark bergab.

Die Geschichte ist voll mit positiven Beispielen davon: Denken wir nur an den Sport. Hochsprung in der Leichtathletik. Bis zu den Olympischen Spielen 1968 in Mexiko sprangen Frauen und Männer im Straddle-Stil über die Latte – also mit dem Bauch quer zur Stange. Doch dann kam der US-Boy Dick Fosbury. Sein Trainer empfahl ihm sogar mit seiner sonderbaren, unkonventionellen Sprung-Art lieber in den Zirkus zu gehen. Fosbury pfiff auf all die Experten – und machte sein eigenes Ding. Ich kann nur sagen: Zum Glück!

Denn erst lachten alle hämisch, dann staunten alle dämlich: Der 1,93 Meter große US-Sportler holte sich nämlich die Goldmedaille, indem er mit einem schnellen bogenförmigen Anlauf und einer leichten Rumpfdrehung bei den letzten Schritten hoch sprang und rücklings mit dem Kopf vorweg die Latte überquerte. Die Flop-Sprungtechnik war geboren. Bis zu einer Höhe von 2,22 Meter hatte der US-Sportler keinen Fehlsprung und schaffte sogar mit 2,24 Metern damals den olympischen Rekord. Dick Fosbury war der lachende Sieger und die Konkurrenz hingehen die bedröppelt dreinschauenden Verlierer. Warum? Weil er es anders gemacht hatte als alle anderen bisher, und anders als alle anderen ihm geraten hatten. Er jedoch hatte nur auf einen einzigen gehört: auf sich!

Es ist das Privileg der Jugend, alles anders machen zu wollen. Das gestehe ich den jungen Leuten gern zu. Sie haben aber auch den Hang diesen Drang auszuleben und vermitteln dabei gern das Bild von sich, erst einmal alles besser zu wissen. Beides mit einer unglaublich kraftvollen Dynamik, mit nahezu zügellosem

Tatendrang und einer schier grenzenlosen Kreativität als auch Spontanität. Ich liebe diese Menschen – egal welchen „echten" Alters. Sie sind getrieben von der Lust an neuen Zielen, von dem Willen, es den „Alten da oben", aber mal so richtig zu zeigen. Rumms – auch mal mit dem Kopf durch die Wand! Alte Zöpfe abschneiden, ein eigenes Profil entwickeln und schärfen, und dabei stecken sie auch gern einmal die eine oder andere Niederlage ein. Sch... egal! Hauptsache: Raus aus den verkrusteten Strukturen. Dabei kümmert es die Jungen so gut wie gar nicht, ob sich die alten Systeme bis dato bewährt haben oder nicht. Denn etwas „jung zu machen" heißt, es „neu zu machen".
„Andere Wege" bedeutet „neue Ziele" – und zugleich oft auch bessere Ergebnisse. Und wenn die Ziele doch gleich sind, dann müssen zumindest die Methoden anders sein, um bekannte Wege zu gehen. Denken wir doch einfach nur an die Kommunikation: Es ist gerade mal gut 20 Jahre her, da konnten wir „nur" telefonieren. Ein Anruf über das Festnetz war eine Sache des Glücks, nämlich ob zum gewählten Zeitpunkt auch jemand erreichbar und damit zu Hause war. Das ist heute ganz anders, auch wenn die Methode des Telefonierens die gleiche ist. Heute können wir via Smartphone jemand nahezu rund um die Uhr erreichen. Und wir haben zudem die Möglichkeiten über E-Mail, diverse Messenger-Dienste oder die diversen Internet- und Social Media-Kanäle zu kommunizieren. Uns stehen somit heutzutage ganz andere Möglichkeiten und viel mehr Auswahl zur Verfügung. Daher lautet mein Appell auch immer: „Nutze die Technik und den Fortschritt!"

Das ist zugleich der tolle Irrsinn des Jungseins, die aufregende

Schizophrenie der jugendlichen Energie, und zugleich der immer sprudelnde Quell des Sich-Erneuerns. Ich selbst habe das neue Abenteuer immer geliebt und liebe es heute noch. Mein Abenteuer heißt: Network-Marketing. Es gibt einfach nichts Aufregenderes, nichts Spannenderes und nichts, was mehr Thrill hat. Unsere Branche boomt einfach. Und schon deshalb ist sie für junge Menschen und für Junggebliebene das Beste, was ihnen passieren kann. Hier könnt Ihr Euch kreativ und gewinnbringend zugleich austoben. Dampf ablassen. Ich spreche dabei immer von den **„drei großen P's"** – **P**ower, **P**arty und **P**enunsen! Ihr werdet sehen: Das motiviert total. Diese Lust immer besser zu werden, stets zu optimieren, der Bequemlichkeit keine Chance zu geben und dabei den Mut zu besitzen, junge Menschen machen zu lassen. Dabei haben wir als Organisation eines gelernt: Das Bessere ist des Guten Feind. Was heute gut ist, kann morgen schon nichts mehr taugen, weil es vom Besseren überholt wurde. Doch wie soll sich das Bessere durchsetzen, wenn nicht durch das Ausprobieren? Das ist Dynamik, Fortschritt und Entwicklung zugleich, woraus final Erneuerung und Verbesserung resultieren.

Ich liebe es daher, wenn die Youngster in unserer coolen Branche ungeachtet aller Warnungen und Ratschläge loslegen. Mit Vollpower! War ich anders? Nein! Also macht es auch so. Ich möchte dabei nur eins: Euch helfen, etwas an bitteren Erfahrungsschmerz zu vermeiden. Das Motto der meisten Jungen lautet doch: Lieber eine blutige Nase holen, als durch Erfahrung Schmerz verhindern. Denn es ist ja die eigene Nase, die blutet, statt die Anwendung der fremden gefahrlosen Erfahrung, mit der es sich schlecht brüsten und tönen lässt. Arbeitspsychologen nennen dieses Prinzip schlicht und einfach „Learning by doing". Zu Deutsch: Probieren geht über Studieren! Denn die individuelle Lernkurve steigt durch die selbstgemachten Erfahrungen steiler an – fast bis zum imaginären Looping. Mit Volldampf rasant in die Steilkurve donnern, selbst auf die Gefahr aus selbiger rauszufliegen. Dieser Kick schlägt dabei die langgezogene, eher lahme, langweilige und vor allem sichere Halbgerade. „Safety first" war gestern, Adrenalin und Risiko sind angesagt. **Welcome to the Young Generation.**

Aber: Auch wenn wir von der „Young Generation" sprechen, dann meine ich damit nicht unbedingt nur die Twens, die Frischlinge oder die U30-Leute. Da gibt es noch ganz andere Youngster – nämlich diejenigen, die im Kopf jung geblieben sind. Die hippen Oldies, die Ü40, die Silver Ager. Leute, die schon 40 oder 50 Jahre auf dem Buckel haben, die aber immer voll mit der Zeit gehen, noch satt im Saft stehen. Die wissen, was ein Smartphone kann und es auch nutzen, die aufgeschlossen für neue Techniken, für neue Ideen und für neue Ziele sind. Und die sich solche auch selber setzen. Insofern: Nur wer ein graues Haar auf dem Kopf hat, muss nicht gleich grau-staubig im Kopf sein. Wenn wir hier also von „young" sprechen, dann meinen wir die biologisch Jungen und ebenso die Junggebliebenen. Okay?

Und weil ich genau diese sensationelle Mischung in meinem tollen Network-Team habe, und weil ich seit Jahren spüre, wie dadurch bei uns in der Organisation regelrecht die Post abgeht, darum ist es mir so wichtig, Euch einmal die Chance „Young Generation" näherzubringen. Denn mit solchen Leuten im Team macht Network-Marketing gleich nochmal soviel Laune. Das ist wie Raketentreibstoff. Eins, zwei, drei – volle Zündung, ab geht's nach oben! Und nicht nur das: Dieser genialen Mixtur haben wir es als Team zu verdanken, dass wir ganz oben stehen. Wir sind quasi am Mond vorbeigeschossen, direkt zur Sonne hin. Spitze sein, weil wir spitze sind!

Die ungebremste Lust am „Anderssein" der Youngster, fördert dabei ebenso immer wieder neue Erkenntnisse, erstaunliche Entdeckungen und innovative Methoden sowie Arbeitspraktiken zu Tage. Plötzlich geht was, was zuvor unmöglich erschien. Diese Methoden führen dazu, die bisherige Praxis durch neue Verfahren zu ersetzen oder andere Systeme zu entwickeln. Und das ist wiederum kein Privileg der Jugend. Denn aus Erfahrung klug zu handeln, dass behalten sich insbesondere gern die etwas reiferen Menschen vor. Reif? Es ist nicht der reife Apfel, für den es nun Zeit wird vom Baum zu fallen. Reif bedeutet: Reich(er) an bereits gemachten Erfahrungen zu sein. Erfahrungen, die als Werkzeug dienen, ein Ziel schneller, sicherer und strukturierter zu erreichen.

Wer diese Erfahrungen, mit der auch effektiv geführt wird, besitzt, der hat zugleich eine Pufferzone um sich herum aufgebaut. Das ist wie auf der Formel 1-Rennpiste. Die Erfahrungen sind die Reifenstapel, das Kiesbett und die Auslaufzone, wenn man mal von der Strecke abkommt. Bevor es knallt und man ungebremst in die Betonmauer donnert. Früher war der plumpe Befehl wie eine Leitplanke aus Beton. Da geht's lang, ohne Wenn und Aber. Und wer nicht hören will, muss fühlen. Rumms, der krachte eben voll in die Betonwand. Aber die Zeiten sind vorbei. Zum Glück!

Kasernenhofton war gestern. Heute wird mit Herz und Verstand geführt. Vor allem in unserer einzigartigen Branche namens Network-Marketing. Das ist es doch auch, was unser starkes Geschäftsmodell so irre wertvoll macht. Es menschelt! Wir leben und arbeiten in einem Wohlfühlklima. Das kennt doch draußen in der anderen Arbeitswelt kaum jemand. Und junge Leute stehen drauf, stimmt's? Geht Euch doch genauso, oder? Die Kultur von Befehl und Befehlsempfänger ist vorbei. Und das ist meines Erachtens auch ganz gut so. Dieses strikte, resolute Führen durch bloße Ansagen und Kommandos, einfach einmal von oben herab etwas nach unten befehlen, damit erreicht man heute bei jungen Leuten rein gar nichts. Die Botschaft kommt gar nicht mehr an. Es ist, als wenn man in einen unendlich tiefen Brunnen brüllt, wo Schall und Wort sich nach unten hin verlieren. Völlig nutzlos.

MERKE:
Es geht stets darum, über das Herz, den Kopf zu erreichen, anstatt etwas vom Ohr ins Hirn zu diktieren oder gar zu brüllen!

Wir haben als Team klar erkannt: Geht eine Botschaft nicht über das Herz, dann verpufft ihr Inhalt. Sie benötigt quasi einen „herzlichen" Anstrich. Sonst kommt sie als Botschaft zwar direkt über die Antenne im Tuner an, aber sie bleibt verschlüsselt. Läuft sie aber von der Antenne über das Codiergerät, nämlich das Herz, landet die Botschaft klar verständlich beim Empfänger.

Das ist nicht nur logisch, sondern es ist die Führungsmethode, die sich aufgrund vieler Jahre und gesammelter Erfahrungen in unserem Team erfolgreich durchgesetzt hat. In unserer Organisation ist damit Führungskultur entstanden, die immer mehr Führungskräfte anwenden und umsetzen. Sie ist neu(er) als die Befehlsführung, hat sich bewährt und die damit erzielten Ergebnisse sprechen für sich. Unsere Grundlage beim Thema Führung ist zugleich mein gelebter Leitspruch: **„Leadership by heart"!**

Konkret gesagt, geht es darum, unseren Teammitgliedern Freiraum im Denken und im Handeln zu geben. Wir lassen unsere motivierten Networker machen – und geben Ihnen dann als Sahnehäubchen das Vertrauen dazu obendrauf! Vertrauen als Zugabe – das ist der bunte Zuckerstreusel auf dem Eisbecher, die Kirsche auf der Torte und die Mayo zu den Pommes. Es ist der Goldstaub in unserer Organisation. Vertrauen heißt, ich glaube an den Einzelnen. Ohne Vertrauen und ohne den Glauben bräuchten wir ja gar nicht erst anzufangen, mit anderen zu arbeiten. Denn das Gegenteil von Vertrauen ist Misstrauen. Was bitte wäre das für eine schlechte Arbeitsgrundlage?

MEIN TIPP FÜR DICH:
Wenn Du in einem anderen Menschen etwas Positives siehst, an ihn glauben kannst, dann schenke ihm Dein Vertrauen. Und sage ihm genau das – immer und immer wieder. Denn: Die Gefühle Deiner neuen Partner sind schwankend und Du „musst" ihnen immer wieder Dein Vertrauen geben, es ihnen aufs Neue schenken, damit sie ihr Leben mit ihren Träumen erreichen und leben können!

Ich glaube fest daran, dass jeder Mensch auf diese Welt gekommen ist, um das Beste aus sich und seinem Leben zu machen.

Während der Schwangerschaft über neun Monate kümmerte sich der Liebe Gott um Dich, damit alles – Augen, Beine, Herz, Arme usw. – bei Deiner Geburt vorhanden ist. Dann nehmen unsere Eltern uns in den Arm und sagen quasi: Ok, ab jetzt übernehmen wir! Aber nicht jeder von uns bekommt ausreichend gelebte und vorgelebte Werte, Lob, Vertrauen mit auf seinen Lebensweg. Doch zu jedem Zeitpunkt im Leben hat jeder Mensch die Wahl, es noch besser zu machen. Oft aber brauchen wir dazu einen anderen Menschen, der in uns etwas Besonderes erkennt und der ebenso an uns glaubt. Das können Menschen sein, die selbst genau wissen, was sie wollen und es auch vorleben. Draußen finden wir genügend Leute, die „schul-schlau" sind. Pure Theoretiker. Aber was wir brauchen, sind tolle Typen, die „straßen-schlau" sind. Damit meine ich die Praktiker, also Menschen, die es im Leben selber wirklich vormachen, wie man positiv und erfolgreich durch das Leben geht und es mit Freude meistert.

1.2. Positives Handeln durch positives Denken

Wichtig: Das eine kann nicht ohne das andere. Wer nicht im Kopf positiv denkt, der kann auch keine guten Taten bewirken. Das ist wie beim Backen: Wenn nur eine Zutat fehlt, dann schmeckt der Kuchen nachher fade, trocken oder fällt gar ganz zusammen. Da hilft es auch nicht, wenn die restlichen Zutaten noch so gut, qualitativ hochwertig sind, oder man gar von einer guten Zutat einfach ein bisschen mehr in den Teig gerührt hat. Das Ergebnis ist und bleibt ein Kuchen, der nicht schmeckt.

Für wen das Glas Wasser immer nur halb voll ist, der wird auch stets mit sich hadern, über seine Zweifel stolpern und immer nur registrieren, was er nicht geschafft oder erreicht hat. Die individuellen Fähigkeiten, das eigene Leistungsvermögen und vor allem das persönliche Wohlbefinden bleiben auf der Strecke. Optimismus? Für „Fressenzieher“ und „Mundwinkel-hängen-Lasser“ fast ein Fremdwort. Und genau diese Botschaft senden sie auch aus. Das sind Leute, die mich am liebsten zu ihrem geistigen Mülleimer umfunktionieren wollen, indem sie ihren ganzen Mist bei mir abladen. „Nein danke!“, sage ich da. Deckel drauf. Mein Kopf bleibt für Mist, Müll und negativen Abfall geschlossen! Es ist doch deshalb auch kein Wunder, dass Nörgler immer auch schnell andere Miesepeter um sich herum scharen. Die rotten sich im Kreis zusammen, einer fängt an zu mosern und die anderen stimmen wie in einen Chor mit ein, um ein trauriges Lied in Moll zu singen. Hingegen stehen die Gutgelaunten immer um diejenigen herum, die lächeln, lachen, gute Geschichten erzählen, in Lösungen denken statt in Problemen und dabei etwas Positives ausstrahlen. Schon Martin Luther stellte vor über 600 Jahren weise fest: „Aus einem traurigen Hintern kann kein froher Furz entfleuchen …!“

MEIN TIPP FÜR DICH:

Wenn Dir jemand mit irgendetwas Negativem kommt, dann sage zu ihm: „Schreib' das mal auf!“ Er schreibt dann z.B. „Ich kann nicht …“, „Mich mag keiner …“, „Ich bringe keinen neuen Partner zum Meeting …“, „Ich bekomme keinen Termin“ …
Aber wie können wir das positiv formulieren? Durch positive Fragen: „Wie kann ich noch besser werden?“, „Wie werde ich ein

Menschen-Magnet?", „Wie kann ich noch mehr Menschen für das Meeting begeistern ...?" Du wirst erkennen, machst Du das regelmäßig mit dem Spruch „Schreib mal gerade auf, was Du gesagt hast", werden sich die Menschen ändern und positiver denken. Aber das geht nicht von heute auf morgen. Das braucht Zeit und insbesondere Dein Vertrauen in diese Person!

BEDENKE WAS DU DENKST, DENN DAS GEDACHTE KÖNNTE WAHR WERDEN!

Diese These allein schon macht es deutlich, wie wichtig und wertvoll es ist, positive Gedanken zu haben, positiv zu denken und positiv eingestellt zu sein. Alles, was man dafür benötigt, ist die Bereitschaft, sein Bewusstsein zu öffnen, um in die positive Gedankenwelt zu gelangen. Ich frage dabei Menschen, die ich zum positiven Denken bewegen möchte, immer: „Würdest Du eine Aktie, die Deinen Namen als Unternehmen trägt, kaufen? Nein? Was aber müsste passieren, damit aus dem Nein ein Ja werden würde? Wie müsstest Du Dich als Firma verändern, damit Du als Aktie gekauft werden würdest? Visionen und Begeisterung sind hierbei die grundlegenden Elemente. Denn wenn Du dies ausstrahlst, entscheidet der andere, ob die Aktie für ihn wertig genug ist, dass er sie kauft. Deine positive Ausstrahlung, Deine eigene Begeisterung sind der Magnet, der andere fast magisch anzieht. Es ist die einzigartige Kombination aus Dir und aus dem was Du ausstrahlst, die in anderen das gute Bauchgefühl entstehen lässt. Leute kennen Dich, vertrauen Dir, mögen Dich – dieser Mix kombiniert mit Deiner Begeisterung macht Dich attraktiv und lässt andere zu Dir und Deiner geschäftlichen Idee ja sagen.

Dabei spielt natürlich auch eine wesentliche Rolle, dass Du in den anderen eine Vision und eine Chance für sie selbst erkennst. Wenn Du in anderen etwas entdeckst, was sie über die Jahre hinweg selber mehr und mehr verloren haben, was aber in ihnen schlummert und nur durch ggf. schlechte Erfahrungen tief im Inneren verschüttet und damit verborgen war, wenn Du vielleicht ehemalige Wünsche, Träume und Hoffnungen neu erweckst und wiederbelebst, dann schenkst Du ihnen Glaube, inneres Licht und positive Gedanken. Wer Gutes, wer Positives in jemanden hinein investiert, der wird auch eine positive Ernte einfahren. Das ist wie bei einem Smartphone. Du kannst Schlager, Rockmusik, Märsche oder Kirchenlieder abspielen, die auf diesem Device gespeichert sind. Ein zwischengeschalteter Verstärker holt noch einmal kräftig alles aus dieser Eingabe heraus und leitet es an den Lautsprecher weiter. Aber Achtung: Beiden – Verstärker und Lautsprecher – ist es egal, was Du für eine Musik eingibst. Sie lassen die Songs mit voller Kraft am Ende wieder raus. Ändern kann man das finale Ergebnis nämlich nur, indem man an die Quelle geht und dort etwas ändert. Nämlich genau das, was man einfüllt. In unserem Fall ist die Quelle unser Gehirn – mit seinem Bewusstsein und seinen Gedanken. Diese zu steuern, und zwar in die richtige, in die positive Richtung, darauf kommt es an. Das ist entscheidend. Denn diese positiven Gedanken übertragen sich auf den ganzen Körper, drücken sich in der Körperhaltung aus, beeinflussen Deine Mimik, Deine Gestik und vor allem Deine individuelle Ausstrahlung. Genau dann wird aus Kampf und Krampf ein Lächeln, Vertrauenswürdigkeit, Freude und innere, gelassene Stärke. Und genau dieser entstandene Output ist es, mit dem Du andere Menschen begeisterst. Zu guter Letzt wollen wir doch alle nur eins: Beliebt sein, bei anderen Menschen gut ankommen. Wir mögen es doch, wenn andere auf uns zukommen, wenn sie uns mögen, und toll finden. Denn: Jeder ist auf diese Welt gekommen und hat positive Eigenschaften mitbekommen. Es geht also darum, diese weiter auszubauen, sie zu fördern. Es ist letztendlich unser aller Aufgabe, das Geschenk Leben zu verbessern, noch mehr aus sich zu machen. Das ist die Lebensaufgabe – und die sollen wir mit Spaß, mit Freude und mit Ethik erfüllen. Und da wir die Erschaffer unserer eigenen Gedanken sind, haben wir auch tagtäglich selber die freie Wahl, ob wir Probleme oder Lösungen schaffen und ob wir Positives oder Negatives an Gedanken in unserem Bewusstsein erzeugen.

Darum ist es so erfüllend, jeden Tag dankbar zu sein für das, was man hat und nicht zu nörgeln, weil man gerade etwas mal nicht hat. Mein Tipp: Schreibe jeden Tag einmal fünf Dinge auf, für die Du dankbar bist – und das am besten schon morgens! Gehe dafür abends mit positiven Gedanken ins Bett. Denn Deine letzten Gedanken wirst Du auch im Traum verarbeiten, und waren die positiv, werden Deine Träumen es ebenso sein.

Wir leben daher in unserem engagierten Team vor, wie wertvoll es ist, in die eigene Fähigkeit zu investieren und die Stärken zu stärken, um so selbstständig, frei und fähig zu sein, dass man dadurch auf niemanden jemals wieder angewiesen ist. Denn wer weiß, was er kann, der ist auch fähig, immer und überall sein Geschäft mit seinen Skills aufbauen und betreiben zu können. Das ist doch die reine Freiheit! Freiheit, die nur unsere Network-Branche bietet und die uns so einmalig und sensationell macht. Schon der bloße Gedanke daran macht mir richtig gute Laune ...

Diese individuellen Fähigkeiten sind zugleich die Grundlagen zum persönlichen Erfolg. Weil man sie immer und immer wieder anwenden und einsetzen kann, um sein eigenes Leben positiv und erfolgreich selbst zu bestimmen und zu gestalten. Solche Eigenschaften sind ein echter Schatz, weil einem diese Tugenden keiner mehr nehmen kann. Das aber geht nur, wer auch positiv denkt und handelt – für sich und andere. Und genau dieses notwendig positive Potential steckt in den meisten jungen Partnern. Sie sehen positiv nach vorn, sind voller Enthusiasmus, sind begeisterungsfähig und haben schiere Lust, ein gestecktes Ziel zu erreichen.

MERKE:
„Leadership by heart" ist damit für die Young Generation ein perfektes Werkzeug in der Führung. Denn es bedeutet: Führen und Arbeiten ohne jeglichen Druck von außen!

Wie wichtig es ist, seine Stärken zu fördern, sich darauf zu konzentrieren, die Schwächen zu vernachlässigen und was darüber hinaus passiert, wenn per Ansage falsch geführt wird, soll Euch folgende kleine Geschichte von George H. Reavis „Die Schule der Tiere" verdeutlichen:

Es gab einmal eine Zeit, da hatten Tiere eine Schule. Das Lernen bestand aus Rennen, Klettern, Fliegen und Schwimmen – und alle Tiere wurden in allen Fächern unterrichtet.
Die Ente war gut im Schwimmen, besser sogar als der Lehrer. Im

Fliegen war sie durchschnittlich, aber im Rennen war sie ein hoffnungsloser Fall. Da sie in diesem Fach so schlechte Noten hatte, musste sie nachsitzen und den Schwimmunterricht ausfallen lassen, um die Rennerei zu üben. Das tat sie so lange, bis das Schwimmen nur noch durchschnittlich war. Durchschnittsnoten waren aber akzeptabel, darum machte sich niemand Gedanken darum – außer die Ente.

Der Adler wurde als Problemschüler angesehen. Er war in die Klasse der Kletterer eingeteilt worden. Zwar schlug er alle Klassenkameraden darin, den Wipfel eines Baumes als Erster zu erreichen, aber er flog anstatt zu klettern. Seine Methode war nicht gefordert. Als Flieger war der Adler unschlagbar, doch als Kletterer war er ein Versager.

Das Kaninchen war anfänglich im Laufen Klassenbeste, aber es bekam einen Nervenzusammenbruch und musste von der Schule abgehen – wegen des vielen Nachhilfeunterrichts im Schwimmen. Das Eichhörnchen hingegen war einsame Spitze im Klettern, aber sein Fluglehrer ließ es seine Stunden am Boden beginnen, anstatt vom Baumwipfel herunter zu springen. Es bekam Muskelkater durch Überanstrengung bei den Startübungen und immer mehr „Dreier" im Klettern und „Fünfen" im Rennen. Die mit Sinn fürs Praktische begabten Präriehunde gaben ihre Jungen zum Dachs in die Lehre, als die tierische Schulbehörde es ablehnte, Buddeln und Graben in die Lehrpläne mit aufzunehmen.

Am Ende des Jahres hielt ein anormaler Aal, der einigermaßen schwimmen, etwas Rennen, kaum Klettern und nicht Fliegen konnte, als Durchschnitts-Schulbester die Schlussansprache!

DEINE PERSÖNLICHE ERFOLGSTHESE:
Wer sich zu falschen Zielen führen lässt und sich stattdessen zu sehr auf seine unwichtigen Schwächen konzentriert, verliert zunehmend seine wichtigen Stärken! Darum: Konzentriere Dich zu 100 Prozent auf Deine Stärke. Nutze das, was Du besonders gut kannst.

Genau das ist es doch, was beim Network-Marketing schlichtweg der Hammer ist und immer bleiben wird: Diese Branche will Deine Stärken und niemand interessiert sich für Deine Schwächen. Hier geht es nämlich genau darum: Setze Deine Stärken ein. Vergiss Deine Schwächen. Und überhaupt: Was sind Schwächen? Höchstens Stärken, die nicht ganz so ausgeprägt sind wie Deine stärksten Stärken!

Mal ehrlich: Wer einen Porsche hat, der freut sich doch auch nicht darüber, dass er mit diesem Auto prima rückwärtsfahren kann. Völliger Quatsch! Ein Porsche hat ordentlich Bumms unter der Haube und darum tritt man das Pedal durch, beschleunigt rasant und donnert über die freie Autobahn. Und zwar schneller als andere. Das ist nämlich die Stärke von so einem Sportwagen. Man ist schneller als andere. Warum? Weil man es mit so einem Auto kann! Wen interessiert dann, ob das Teil auch rückwärtsfährt? Niemanden!

1.3. Negativer Druck von gestern ist positiver Sog von heute

Erfolgreiche Networker und Top-Teamleader haben immer wieder die Erfahrung gemacht: Führung mit Druck ist stets das falsche Mittel. Ich kann diese Erkenntnis nur aus meiner langjährigen Network-Praxis bestätigen. Erst wenn aus einem „Du musst ..." ein motivierendes „Ich will ..." wird, dann fließt Leistungsenergie in die richtige Richtung. Der Unterschied? Das „Müssen" ist ein gezielt gesetzter Einfluss von außen, das „Wollen" hingehen kommt von innen aus einem selbst heraus. Keine Frage, womit das bessere Ergebnis erzielt wird. Denn wenn jemand unter Druck gesetzt wird, dann muss er etwas gegen seine innere Einstellung tun, um ein Ziel zu erreichen. Will hingegen jemand etwas von sich aus, dann wird er selbst alles Notwendige unternehmen, um sein Vorhaben in die Realität umzusetzen. Daher: Lobe mindestens 10 x am Tag! Ich habe noch keine Menschen gesehen, der mit einer Rüge oder Gemecker besser arbeitet als mit einem Lob!

MERKE:
Somit ist klar:* WOLLEN *schlägt* MÜSSEN*!
Wenn das Müssen der Druck ist, ist das Wollen der Sog! Diese Sogwirkung ist das Ziel im Bereich der modernen Führung – und ist zugleich der Kern beim „Leadership by heart"!

Man braucht sich nur einmal in einen Marathonläufer hineinzuversetzen. Klar, man kann über den Sinn geteilter Meinung sein 42 Kilometer am Stück zu laufen. Das muss sich ja keiner unbedingt freiwillig antun. Aber wenn sich jemand dazu entschlossen hat, diese Herausforderung anzunehmen, um nur einmal selbst seine Grenzen auszutesten, dann wird so ein Lauf primär im Kopf entschieden. Vor allem am Start. Es ist der geistige Wettstreit zwischen dem Müssen und dem Wollen! Denn wer vor dem Startschuss schon denkt: „Oh man, warum tu' ich mir das bloß an?

Jetzt muss ich noch über 40 Kilometer laufen, das sind ja 40.000 Meter, oh Gott! Mir tun ja jetzt schon die Beine weh. Wie soll ich das bloß schaffen?", der macht sich das Leben selber schwer. Mit der Einstellung wird's auf alle Fälle sogar fast unmöglich. Wer will denn schon müssen – und das auch noch 40 Kilometer weit? Dieser Starter baut sich nämlich schon selbst mit negativen Gedanken eine Mauer vor sich auf, die so hoch ist, dass er kaum – wenn überhaupt – drüber hinwegkommt. Anders der positiv gestimmte Läufer: „Ich hab' gut trainiert, die Strecke packe ich unter drei Stunden. Wetter passt, Stimmung gut, alles gut ...!" Was glaubt Ihr, wer eher ans Ziel kommt? Oder besser gefragt: Wer kommt überhaupt ans Ziel von den beiden an? Sicher der Letztgenannte.

**DENKE IMMER DARAN:
WER HEUTE AUFHÖRT ZU MÜSSEN,
WIRD ES MORGEN LIEBEN ZU WOLLEN!**

Erkennt Ihr den Unterschied?
• Ich muss heute noch aktiv werden! Ich muss heute noch eine Produkt-Präsentation machen!
• Ich will heute noch einem Menschen ein besseres Lebensgefühl schenken und bei ihm für mehr Wohlbefinden sorgen!
Mit welcher Einstellung kommt man wohl besser und eher zum gewünschten Ziel?

BEDENKE:
Nichts ist so schwer, dass es nicht leicht wird,
wenn Du es gerne tust!

1.4. Kampf der Werte: Bewusstsein gegen Unterbewusstsein

Doch wie stand es schon im Neuen Testament der Bibel? „Das Fleisch ist willig und der Geist ist schwach". Das heißt nichts anderes als: „Man muss auch etwas tun! Unser einzigartiges Business lebt vom Machen, von Aktivität – und zwar mit einer positiven Einstellung. „Ich wollte ja so gern einen neuen Partner mit zum Meeting bringen, aber ich krieg' es einfach nicht hin!", lautet die negative Ankündigung. Und wie reagiert in diesem Fall der Positive? „Hast Du nochmal einen Tipp für mich, wie ich am besten einen neuen Partner mit zum nächsten Meeting einlade?" Wie ist der Schalter im Kopf eingestellt – richtig oder muss er erst auf „positiv" umgelegt werden? Und genau in diesem Fall solltest Du wieder meinen Tipp aus dem Kapitel 1.2 anwenden und dem betreffenden Partner auffordern, das eben Gesagte aufzuschreiben, um ihm deutlich zu machen, dass er schon auf einem positiven Weg ist. Denn er hat ja zumindest erkannt, dass er etwas ändern oder tun muss, um eine positive Lösung zu erreichen.

Mich erstaunt dabei immer wieder eine Studie aufs Neue: Forscher haben nämlich unter anderem herausgefunden, dass der durchschnittliche Mensch am Tag bis zu 100.000 Gedanken hat – egal, wie alt oder jung er ist. Und jetzt kommt das Erstaunliche: Nur drei Prozent davon sind positiv, aufbauend oder motivieren uns. Aber 25 Prozent sind dafür negativ und der Rest ist schlicht und einfach komplett unwichtig. Das macht deutlich, wie wichtig es ist, dass der Fokus auf den positiven Gedanken und auf dem positiven Denken liegt. So bekommen wir viel mehr Luft zum Atmen, anstatt an negativen, düsteren Gedanken zu ersticken.

MEIN TIPP FÜR DICH:
Lese jeden Tag zehn Minuten z.B. in dem Buch „The Secret" oder „The Magic Mind" - und dies 90 Tage lang. Nur wenn Du Dich von innen heraus positiv in Deiner Einstellung fokussierst, wirst Du ebenso nette, positive Menschen anziehen. Treib' es auf die Spitze und werde so positiv, dass negative Menschen zu guter Letzt gar keine Lust mehr haben, mit Dir in Kontakt zu treten. Ab diesem Zeitpunkt verspreche ich Dir, macht Dein Leben richtig Spaß.

In meinem Schlafzimmer liegen diese beiden Bücher immer auf dem Nachttisch! Natürlich habe ich auch die mp3-Hörbücher auf meinem Smartphone gespeichert. Vor dem Einschlafen ein paar Seiten lesen oder hören – und Du schläfst mit positiven Gedanken ein. Das ist der Schlüssel zum Glück!

Egal, was Ihr macht, macht es mit einer positiven Einstellung!

Das ist wichtig und darum hat „Leadership by heart" bei uns in der Organisation so eine große Bedeutung. Wer nur an das Geld denkt, oder eine negative Einstellung hat, der wird Kunden – auch von den Top-Produkten oder geschäftlichen Opportunities – niemals überzeugen können. Weil er einfach selber mies und negativ rüberkommt. Das schreckt andere ab, baut kein Vertrauen auf. Das hat uns die langjährige Erfahrung gezeigt. Und da ist es völlig egal, ob man über Social Media oder über andere Kommunikationswege Leute erreichen will. Wer als Sender negativ eingestellt ist, der vermittelt auch nur negativ klingende Botschaften und dementsprechend ist damit das Feedback – nämlich auch negativ.

Zugleich gilt es aber auch die Frage zu beantworten, welche Werte man selber in sich und in den Markt trägt.

- Was haben die anderen davon, dass es Dich gibt?
- Wie viele Menschen haben einen oder mehrere Vorteile durch Dich?
- Bist Du selber mit Deinem Leben zufrieden?
- Wie vielen Menschen willst Du selber helfen?

Es geht darum, dass Negative draußen zu lassen und sich auf das Positive zu fokussieren. Die Grundlage ist das eigene Wertesystem. Und das setzt sich aus den eigenen Erfahrungen zusammen. Aber auch die erlebte Erziehung gehört dazu und das persönliche Umfeld. All das prägt und macht jemanden zu dem, was und wie er ist. Weil aber altersmäßig junge Leute eben noch jung an Jahren sind, haben sie auch noch nicht so viel Erfahrungen machen können. Das ist ja logisch. Und damit haben sie auch unterm Strich weniger schlechte Erfahrungen gesammelt. Das macht sie wiederum lockerer und auch etwas freier. Aber das ist ebenso der Grund, warum einigen (noch) so manche Werte fehlen.

MEIN TIPP AN DICH:
Wenn Du mit Menschen zusammen bist, achte darauf, wie diese die Bedienung oder die Putzfrau behandeln! Sind sie genauso nett zu ihr wie zu Dir, dann hat dieser Mensch echte WERTE! Wenn nicht, dann würden sie Dich genauso „schlecht" behandeln, wenn Du die Putzfrau wärest.

Jetzt fragt Ihr Euch vielleicht, was überhaupt ein Wert ist. Klar, ein halber Liter Bier, ein Kilo Gold, ein Kleid in Größe „S" – das sind alles Messwerte. Aber die Werte, die ich meine, sind schwer messbar. Oder habt Ihr schon mal „ein Pfund Anstand" und „20 Zentimeter gutes Benehmen" gesehen? Wohl kaum. Meine genannten Werte drehen sich um positive Merkmale von jedem Einzelnen, um seinen Charakter. Ehrliche Werte werden vorgelebt: Ehrlichkeit, Verständnis, Mitgefühl, Vertrauen, Mut, Liebe, Verantwortung, Respekt, Wertschätzung, Gesundheit, Treue, Spaß, Macht, Toleranz, Glück, Disziplin, Erfolg, Nächstenliebe, Freiheit, Zuverlässigkeit, Selbstbestimmung, Abenteuer, Freundschaft, Weiterentwicklung, Intimität, Harmonie u.v.m. Ich kann Euch eines aus meiner Erfahrung her sagen: Menschen messen Euch nicht an Euren Worten, sondern an Euren Taten und das ist auch sehr gut so. Denn es dreht sich darum, wie sich jemand gibt, wie er ist und wie gut er bei anderen damit ankommt. Je mehr jemand davon zu bieten hat, desto stärker ist seine Persönlichkeit ausgebildet. Und von solchen tollen Menschen ist unsere wunderbare Branche voll. Networker sind echte Typen! So wie Ihr das seid. Coole Männer, klasse Frauen – mit Stil und Style, mit Umgang, mit Ausstrahlung. Da brauche ich nur unsere Teams, unsere Organisation anzusehen. Wow, alles Leute, von denen man sagen würde: „Hey, die haben echt Charakter. Für die zählen noch Werte!"

Warum ich auf so etwas so abfahre? Das kann ich Euch verraten: Weil solche Frauen und Männer exzellente Botschafter für unsere einmalige Geschäftswelt sind. Denn wer solche Sätze über sich hört, dem wird Niveau attestiert, der besitzt Rückgrat. Solchen Menschen wird vertraut, die kommen gut an – im Team, bei Kunden und bei anderen Leuten. Aber solche Werte fallen nicht vom Himmel. Das ist nichts, was jeder mit in die Wiege gelegt bekommt. Leider! Werte müssen erlebt und gelebt werden, und vor allem müssen Eltern dafür sorgen, dass sie ihren Kindern solche Werte vermitteln. Hallo, gute Erziehung lässt grüßen!

MERKE:
Wer keinen Stil hat, ist stillos!
Wer keine Werte lebt, lebt wertlos!

Stellt Euch einmal zur Verdeutlichung folgende Situation vor:
Ein Arbeitgeber suchte dringend zwei neue Mitarbeiter für zwei wichtige Jobs in seiner Firma. Viele Bewerbungsmappen landeten auf seinem Tisch, denn die Jobs waren interessant, hatten Zukunft und wurden sehr gut bezahlt. Eine Bewerbung fiel ihm besonders auf: Ein junger Mann mit einem sehr guten Abiturzeugnis. Das Studium hatte er mit Bestnote abgeschlossen, das Alter passte für den vakanten Job und auch die Gehaltsvorstellungen des Kandidaten ebenso. Also lud er ihn zum Mittagessen zu einem Bewerbungsgespräch ein.

Der Kandidat kam. Der Arbeitgeber wunderte sich ein wenig über die sehr legere Kleidung, sagte aber nichts. Statt zur Begrüßung die Hand zu reichen, nuschelte der junge Mann lediglich lapidar ein „Hallo", setzte sich an den Tisch und nahm sogleich die Speisekarte. Keine Frage, dass er sich auch das Beste und Teuerste aussuchte, was er auf der Menükarte finden konnte. Als das Essen serviert wurde, verputzte der Bewerber alles, was auf dem Teller lag in Win-

deseile, trank dazu das Glas guten Wein in einem Zug leer und rieb sich danach gesättigt den Bauch. Zum Zeichen seiner Sättigung stieß er hörbar auf und zündete sich dann genüsslich eine Zigarette an – wobei der Gastgeber noch beim Essen war. Man unterhielt sich noch ein wenig und der Kandidat berichtete, wie toll er sei, dass seine Leistungen ihn selber kaum Anstrengung gekostet hätten, weil er ja von Natur aus „so ein schlaues Bürschchen" sei und er überhaupt alles und jeden aus dem Weg räumen würde, der sich seiner Karriere in den Weg stellen würde.

Abends im Büro kam ein altgedienter Mitarbeiter zum Arbeitgeber und bat ihn um ein Gespräch. „Können Sie meinem Sohn vielleicht einmal eine Chance geben und mit ihm ein Gespräch für einen der Jobs führen. Er hat zwar nicht die besten Zeugnisse, aber er ist ein wirklich guter Junge, der sich stets anstrengt, sein Bestes gibt und dabei dennoch immer nett ist?", fragte er. Der Chef sagte gerne zu, denn er schätzte seinen langjährigen, treuen Mitarbeiter sehr, wenngleich er innerlich dessen Sohne kaum eine Chance gab, da er wusste, dass der Junge lange nicht die Vorbildung hatte wie der Kandidat, den er zum Mittagessen getroffen hatte.

Tags darauf kam der Sohn des Mitarbeiters. Adrett im Anzug, höflich und zuvorkommend gab er dem Arbeitgeber die Hand, deutete mit einem Nicken eine Verbeugung an und wartete, bis ihm ein Platz angeboten wurde. „Vielen Dank, dass Sie sich Zeit für mich nehmen. Das weiß ich sehr zu schätzen!", sagte der Sohn des Mitarbeiters. Die Sekretärin des Chefs kam kurz herein, nahm einen großen Stapel an Akten und Papieren mit und der Bewerber zögerte nicht lange, als er sah, dass sie Mühe hatte, vollgepackt wie sie war, die Tür zum Hinausgehen zu öffnen. Er sprang auf, öffnete der Frau die Tür, schloss sie wieder hinter ihr und setzte sich wieder auf seinen Platz. Nicht ohne sich beim Chef für sein spontanes Aufstehen zu entschuldigen. Die beiden redeten noch zwei Stunden lang und der Arbeitgeber versprach, sich in den kommenden Tagen zu melden, um seine Entscheidung mitzuteilen. Doch er rief noch am selben Abend an – denn er hatte sich längst entschieden. Und zwar für den weniger begabten Kandidaten. „Ich möchte Ihnen den Job anbieten!“, sagte er und der junge Mann am anderen Ende fiel fast aus den Wolken. „Ich bin überwältigt!“, stammelte er und fügte hinzu: „Aber die anderen Kandidaten hatten doch sicher viel bessere Zeugnisse als ich!“ Darauf sagte der Unternehmer: „Fachwissen kann man immer dazulernen und somit immer besser werden. Aber Werte hat man, oder hat man nicht. Sie waren höflich, aufgeschlossen, nicht eingebildet und hatten gute Manieren. Vor allem war ich beeindruckt, wie Sie meiner Sekretärin spontan geholfen haben. Mir ist ein Mensch mit Werten, der dazulernen möchte, lieber, als ein gebildeter Mensch ohne Werte und Tugenden!“

Genau solche Menschen sind im Network-Marketing erfolgreich tätig. Denn sie haben diese Werte – entweder schon mitgebracht oder dazugelernt. Ob jung oder reifer, unsere Teammitglieder lieben Menschen, mögen andere Leute und strahlen positive Werte aus. Denn neben dem Engagement und der Begeisterung für unser einzigartiges Business zählen hier auch gutes Benehmen, Höflichkeit und gegenseitiger Respekt. Das garantiert nicht nur mehr Spaß miteinander, sondern wir kommen als Person einfach besser und angenehmer bei anderen an. Weil wir einfach klasse sind! Und weil das so ist, muss ich es einfach mal sagen und an dieser Stelle los-

werden: Verdammt, ich liebe, was ich tue – meine giga-großartige Network-Family!

1.5. Alles online, oder was? Neue Trends im Netz!

Früher noch eher exotisch, heute eine Normalität: Als ich ins Network-Marketing-Business einstieg, war es absolut üblich, dass ich Kunden persönlich besuchte. Und heute? Die Young Generation hat's vorgemacht und nutzt viele andere Wege. Ich sag' nur: Stichwort Social Media – Facebook, Instagram, Zoom-Calls, FaceTime & Co! Klasse. Ich habe den Wandel live miterlebt und bin jeden Tag aufs Neue davon begeistert, was heute alles machbar ist. Denn immer mehr junge Frauen und Männer, die in unsere Organisation kamen, haben diese neuen Kanäle ausprobiert. Wieder etwas, was wohl nur in unserem Geschäft machbar und möglich ist. Die Youngster haben drauf gepfiffen, was man ihnen zuvor sagte oder vormachte, und haben es auf ihre eigene, moderne Art gemacht. Wie der berühmte Rennfrosch. Was, den kennt Ihr nicht? Die abgefahrene Story, die in meinem Top-Team immer gern erzählt wird, geht so:

Eines Tages entschieden die Frösche einen Wettlauf zu veranstalten. Um es besonders schwierig zu machen, legten sie als Ziel fest, auf den höchsten Punkt eines großen Turms zu gelangen.

Am Tag des Wettlaufs versammelten sich viele andere Frösche, um zuzusehen.

Dann endlich – der Wettlauf begann. Nun war es aber so, dass kei-

ner der zuschauenden Frösche wirklich glaubte, dass auch nur ein einziger der teilnehmenden Frösche tatsächlich das Ziel erreichen könne. Wie auch? Hüpfen und laufen – ja, aber den Turm auch noch hochklettern? Wie sollte das gehen? Und so kam es, dass die Zuschauerfrösche anstatt die Läufer anzufeuern, vielmehr riefen: „Oje, die Armen! Sie werden es nie schaffen!" oder „Das ist einfach unmöglich!" oder „Das schafft Ihr nie!"
Und wirklich schien es, als sollte das Publikum Recht behalten, denn nach und nach gaben immer mehr Frösche auf. Das Publikum schrie weiter: „Oje, die Armen! Sie werden es nie schaffen! Seht nur, wie sie alle aufgeben müssen ...!"

Und wirklich gaben bald alle Frösche auf – alle, bis auf einen einzigen, der unverdrossen an dem steilen Turm hinaufkletterte – und als einziger das Ziel erreichte.

Die Zuschauerfrösche waren vollkommen verdattert und alle wollten von ihm wissen, wie das möglich war. Einer der anderen Teilnehmerfrösche näherte sich ihm, um zu fragen, wie er es geschafft hatte den Wettlauf zu gewinnen. Da merkten sie erst, dass dieser Frosch taub war und die ganzen negativen Rufe nie gehört hatte ...

Mich begeistert die Geschichte auch deswegen immer wieder, weil ich sie quasi „echt" erlebt habe. All die vielen jungen Leute, die über die Jahre in meine Organisation hinzugekommen sind, haben einfach ihr Ding gemacht – genau wie ich. Und was ich kann, könnt Ihr ebenso. Auch, weil technische Hilfsmittel neue, tolle Möglichkeiten bieten. Im Gegensatz zu mir sind junge Menschen ja mit Facebook und all die anderen Channels groß geworden. Sie spielen darauf wie ein Spitzen-Gitarrist auf seinem Instrument, fast schon virtuos. So haben die Youngster diesen Social-Way richtig für unser Business perfektioniert. Zack, wieder ein **Fortschritt made by Network!**

Vielleicht läuft unser Geschäft in den letzten Jahren auch deshalb vermehrt in den Social-Media-Bereich hinein. Da werden Posts gemacht, Mailings versendet, Freunde über Facebook kontaktiert, es wird aktiv Messenger-Marketing genutzt, ganze Chat-Talks veranstaltet und Storys über Instagram verbreitet. Das ist beeindruckend neu, massiv, innovativ, sehr effektiv und mit einer breiten Streuung versehen. Ein genialer Weg. Der modernen Technik sei Dank. Sensationell, was mit ein paar Klicks alles geht und erreicht wird. Notebook an, Programm läuft – Erfolg auch! So kurz könnte ich das auf den Punkt bringen. Heute vernetzt man sich online jedoch, um dauerhaften Erfolg zu haben. Darüber hinaus sind die persönlichen Treffen bzw. Meetings der Klebstoff dieser Beziehung. Ich kann Euch aus meiner Erfahrung (*über 140 Mio. Dollar Umsatz pro Jahr, wird in sieben Jahren eine Milliarde*) sagen: Wer nur online arbeitet, kommt zu einem bestimmten Punkt und läuft dann wieder rückwärts. Wer aber online und offline arbeitet, d.h. sich mit den Menschen auch real trifft, der wächst in den Himmel, denn demjenigen macht dieser Job mehr als nur Spaß. Dabei wird aber wieder deutlich, was unsere einzigartige Network-Branche ausmacht: Die Lust auf „good Vibration", der Spaß am Miteinander, die positive Denke, die Freude am Erfolg – all das zählt online genauso wie offline. Klasse, und dafür ist die „Young Generation" ein Musterbeispiel.

Und noch etwas möchte ich Euch aufgrund meiner gemachten Erfahrung mit auf den Weg geben: Social Media ist nicht anonym. Sich mal eben mit einem langen Gesicht vor den PC setzen und eine freudige Botschaft in die Welt senden – das geht voll in die Hose. Vielleicht sieht der andere auf der anderen Seite nicht Dein Regenwetter-Gesicht, aber er spürt es. Also entscheide Dich, ob Du eine Biene oder eine Mücke bist. Die Bienen suchen die Blumen, landen auf ihnen und naschen den Nektar. Die Mücken und Schmeißfliegen hingegen landen woanders – nämlich auf einem Haufen Mist. Kein Wunder, dass wir ein Team voller Bienen haben. In unserer ganzen Orga brummt und summt es. Moskitos ade, Bienen juhee!

Ein kleines Erfolgsgeheimnis verrate ich Euch noch zusätzlich: Der Mix macht's! Die Kombination aus den besten Zutaten kann auch nur das beste Ergebnis ergeben. Eine gute Pizza mit schlechter Salami schmeckt halt nicht. Ich setze daher auf einen Aktivitäten-Cocktail: Und die Gewinnung von Partnern und Kunden über Social Media ist dabei ein ganz starker Trend. Sie ist auch ein Stück weit Zeitgeist. Denn junge Menschen sind heutzutage im Internet zu Hause – stundenlang. Wer heute noch sagt: „Das Internet kommt …!", der hat schon eine Menge Zeit verschlafen. Das Internet kommt nicht – es ist da, und es ist gekommen um zu bleiben. Das Internet und damit die ganzen sozialen Kanäle wie Facebook, Instagram, Twitter, Xing, Youtube sind eine reale Tatsache, die ein fester Bestandteil in unserem Leben ist. Es ist vor allem der Inhalt im Leben der Young Generation und damit auch ein Werkzeug, dass die jungen Menschen zu nutzen wissen. Zum richtigen Mix gehört dann aber auch die Anwendung diverser

Kanäle. Schließlich ist es unter anderem die Vielfalt, die das Network-Marketing-Geschäft so aufregend, so abwechslungsreich und so faszinierend macht. Daher sind mein Team und ich auch bei der Partnergewinnung nicht ausschließlich online unterwegs. Wir wollen nämlich Stabilität im Geschäft und darum bin ich ein Freund der Kombination aus allen Mitteln und Wegen. Wer es schafft, diese wie einen dicken Zopf zusammenzuflechten, der erhält ein starkes Tau. Und das ist nun einmal reißfester als ein einziger Faden, sei er noch so strapazierfähig.

1.6. Das zweischneidige Schwert der Einseitigkeit

In den siebziger Jahren eilte ein Tennisspieler aus Argentinien von Sieg zu Sieg. Sein Name: Guillermo Vilas! Ein Spieler, der heute noch Rekorde hält. 1977 blieb er in 46 Spielen hintereinander unbesiegt. Im gleichen Jahr gewann er 16 Turniere, was ebenso bis heute ein ungebrochener Rekord ist. Auf Asche gewann er in seiner gesamten Laufbahn 644 Partien und niemand hat seither mehr Spiele auf diesem Untergrund gewonnen, kein Nadal und auch kein Roger Federer. Vilas war Linkshänder und bekannt für seine knallharte Vorhand als auch für die hart geschlagene, einhändige Rückhand. Er trainierte mit dem linken Arm bis zu acht Stunden am Tag. Das Ergebnis aber war nicht nur eine perfekte Schlagtechnik in unnachahmlicher Härte. Sein linker Unterarm war durch das exzessive Training nahezu doppelt so dick wie der rechte. Als das linke Ellenbogengelenk zunehmend wegen Verschleiß streikte, musste Vilas schließlich 1989 die Tennisschuhe an den Nagel hängen. Erst dann begann er langsam seinen rechten vernachlässigten Arm, den er kaum gebrauchen konnte und für den ihm jegliches Gefühl fehlte, aufzubauen, um den linken, schmerzhaften Arm zu entlasten. Das macht deutlich, wie gefährlich die Einseitigkeit ist. Wer auf einem Bein steht, fällt halt leichter um. Das ist so, das war so, das bleibt so. Und es gilt auch für die Youngster in meinem Team, die sich im Bereich Social Media tummeln und dort erfolgreich neue Teampartner für unsere Organisation gewinnen. Deshalb vergessen sie die Offline-Aktivitäten noch lange nicht. Im Gegenteil. Denn auch die jungen Leute lieben das gesellige, das menschliche Miteinander, wie die andern auch. Dabei muss das Aktivitätsverhältnis nicht zwingend 50:50 sein. Es geht erst einmal darum, beides zu tun, beides zu können und beides richtig zu tun – online und offline.

Doch auch die größte Aktivität, die größte Mühe, Anstrengung und das bestmöglichste Engagement allein nützen nichts, wenn es nicht auch richtig getan wird. Alles andere ist vergebliche Mühe. Es geht darum, wie ein kluger Mann es einst simple und ebenso treffend formulierte, das Richtige richtig und oft genug richtig zu tun. Das gilt auch für Postings im Social Media Bereich. Sicher, viele junge Menschen posten von morgens bis abends via Handy, Tablet oder Computer alles Mögliche in die weite Welt hinaus. Aber die Botschaft muss ja auch folgendes beinhalten:

- Gehalt haben,
- Wertigkeit aufweisen,
- Aussagekraft besitzen,
- ansprechend wirken,
- glaubwürdig sein
- Interesse wecken.

Einfach drauflos daddeln ist hier nicht der Sinn der Sache. Es heißt also: Gewusst wie! Wie, das wusste schon der berühmte griechische Philosoph Sokrates, der Sinnvolles von Sinnlosem clever zu trennen wusste:

Zu ihm kam nämlich eines Tages jemand gelaufen und sagte: „Höre Sokrates, das muss ich dir erzählen!“
„Halte ein!“, unterbrach ihn der Weise, „hast du das, was du mir sagen willst, durch die drei Siebe gesiebt?“
„Drei Siebe?“, fragte der andere voller Verwunderung.
„Ja, guter Freund! Lass sehen, ob das, was du mir sagen willst, durch die drei Siebe hindurchgeht: Das erste ist das Sieb der Wahrheit. Hast du alles, was du mir erzählen willst, geprüft, ob es wahr ist?“
„Nein, ich hörte es, andere haben es mir erzählt und…“
„So, so! Aber sicher hast du es im zweiten Sieb geprüft. Es ist das Sieb der Güte. Ist das, was du mir erzählen willst gut?“
Zögernd sagte der andere: „Nein, im Gegenteil…“
„Hm…“, unterbrach ihn der Philosoph, „so lass uns auch das dritte Sieb noch anwenden. Ist es notwendig, dass du mir das erzählst?“
„Notwendig nun gerade nicht…“
„Also“ sagte Sokrates lächelnd, „wenn es weder wahr, noch gut, noch notwendig ist, so lass es begraben sein und belaste weder dich noch mich damit.“

Zusammen mit meinen engagierten Teampartnerinnen und -partnern haben wir darum genau das passende Posting mit den richtig dosierten Inhalten entwickelt, das auf unsere gemachten Erfahrungen abgestimmt ist. Wie der gute alte Sokrates schon richtig sagte.

MERKE DAHER:
Der Inhalt muss wahr sein, muss Qualität aufweisen und es muss deutlich werden, dass diese Botschaft auch notwendig ist und damit dem Empfänger weiterhilft. Er muss durch das Posting klare Vorteile erkennen! Diese Kombination erweckt fast automatisch schon Neugierde.

Doch damit nicht genug. Es kommt noch ein sehr entscheidendes Kriterium hinzu: Es geht hierbei nämlich ebenso um die Kontinuität. Etwas zu tun, reicht noch nicht aus, sondern es geht darum, die Ausdauer zu besitzen, etwas lang genug zu tun, damit sich die gewünschte Wirkung einstellt. Wer ein Soufflé in den Ofen stellt, muss auch warten, bis der Teig aufgeht und dann endlich zu einer fluffigen Leckerei wird. Das ist im Online-Bereich eigentlich nichts anderes. Eine tiefe Wirkung, eine die nachhaltig spürbar ist, die sich im Kopf manifestiert hat, kann nur durch Kontinuität erzielt werden. Ihr wisst schon: Steter Tropfen .... Ein Post allein bewirkt vielleicht eine Reaktion oder eine Gegenreaktion, aber mehr nicht. Damit bleibt ein Thema beim Empfänger noch lange nicht hängen.

Ich habe bei den Social-Media-Aktivitäten folgendes festgestellt: Die Leute beobachten Dich, und zwar oftmals jahrelang. Erst skeptisch, dann neugierig, dann interessiert und zu guter Letzt aufgeschlossen. Eine Reaktion folgt aus der nächsten, wie eine beinahe logische Kette. Die Kontaktierten lesen, was Du machst – und vor allem sehen sie genau hin, was Du hast. Und irgendwann, nachdem die diversen Phasen durchschritten sind, kommen sie und sagen: „Jetzt will ich das auch haben, was Du hast!“ Man kann sich gar nicht vorstellen, von wie vielen Leuten man intensiv über die Social Media-Kanäle beobachtet wird. Die schauen ganz genau zu, was man wie und wann tut. Schon allein deshalb muss man exakt aufpassen, was man postet und wie man postet. Auch um die zuvor dargestellte Kettenreaktion nicht zu unterbrechen, da sie ja am gewünschten Ziel endet, wenn man seine Postings richtig und lange genug kontinuierlich versendet. An den kurzen Reaktionen/Antworten/Feedbacks lässt sich außerdem meist ideal erkennen, wie und ob die Botschaft angekommen ist, und was sie bis dato bewirkt hat. Der Erfolg besteht darin, jeden Tag positiv die richtigen Dinge zu tun und die Pipeline zu füllen. Ein Mentor von mir, Larry Thomson, beschreibt das so: „Stell' Dir die Öl-Pipeline von Alaska nach Texas vor. Am Tag der Eröffnung, als der Hahn in Alaska geöffnet wurde, dauerte es sehr, sehr lange, bis der erste Tropfen Öl schließlich in Texas ankam. So ist es auch mit Deinen Kontakten. Der eine ist sofort begeistert, andere brauchen Jahre ...

Eine alte Weisheit hat sich somit wieder bewahrheitet:
Wie man es in den Wald ruft, so schallt es hinaus!

Anfangs wurde von einem Großteil meines jungen Teams vor allem das Thema „Lifestyle" als Botschaft versendet. „Schaut her, was ich habe und was ich schon bin …!" Schöne Reisen, tolle Autos, wertvoller Schmuck und die gute Art zu Leben. An sich kein Problem, aber das Beschränken und die Eingrenzung auf nur das eine Thema kann auch negativ abfärben. Zum einen heißt es nämlich in der Botschaft versteckt weiter: „… und alles was ich habe, hast du nicht. Alles was ich schon bin, bist du noch nicht!"

So baut man keine Begehrlichkeit auf, sondern viel eher Neid. Zudem entsteht in Deinem Freundes- und Bekanntenkreis mehr und mehr plötzlich ungewollt ein Bild, als ob es Dir als Mensch nur um das Thema Reichtum, Besitz und um materielle Dinge gehen würde. Also alles Themen, wo zu guter Letzt hauptsächlich das Thema Geld entscheidend ist. Du reduzierst Dich aber im gleichen Atemzug komplett auf diese eine Sache selbst. Die Gefahr dabei ist gleich doppelt vorhanden. Zum einen gehst Du als Mensch, als emotionale Person verloren, weil Du den Anschein erweckst, es geht Dir nur noch um den Besitz. Zum anderen bringt man mit solchen einseitigen Posts keinen wirklichen Nutzen beim Empfänger rüber. Der effektive Nachhaltigkeitswert tendiert dann gegen null. Auch hier lautet die simple Erfolgsformel wieder: Der Mix macht's.

Aufgrund von gemachten Erfahrungen haben wir im Team festgestellt, dass es eine gesunde Mischung braucht, und zwar aus Nutzen und aus dem Traum. Es gilt bei all den Postings die Frage zu beantworten: Was hätte ich gern, was habe ich davon? Wenn der Nutzen im Vordergrund steht und mit einem Aufwand verbunden ist, beides aber zu einem schöneren Leben führt, dann ist der Mix ideal. Kriegst Du das hin, dann werden Dir die Leute auf den diversen Kanälen folgen. Machst Du es so lange und ausdauernd genug, arbeitest Du mit Kontinuität, dann bleiben Dir die „Follower" treu. Es baut sich dazu Vertrauen auf. Genau das hat bei mir den durchschlagenden Erfolg gebracht. Und wie wir alle wissen: Was einmal klappt, das funktioniert immer wieder!

Dieses Buch über die „Young Generation" soll ja nicht nur einen

Erfahrungsbericht darstellen und neue Theorien hervorbringen, sondern ich will Euch gern das konkrete Rezept für wirkungsvolle Posts liefern.

Man nehme folgende **Zutaten für maximalen Post-Erfolg** – auch die **3/3-Regel** genannt:

1. Ein Drittel Lifestyle, und hierbei auch keine großen Übertreibungen, indem man jeden Tag einen Ferrari oder eine Rolex-Uhr postet. Denn man muss den Leuten das Gefühl geben, dass sie auch noch mitkommen können. Wir wissen heute aufgrund von Studien, dass Menschen sich maximal das Doppelte von ihrem jetzigen Einkommen als erreichbares Ziel vorstellen können. Bin ich also ein regelrecht überdimensionaler Poster, dann springen die Empfänger auf meine Anstöße gar nicht erst an, oder ich verliere sie sogar. Mein Tipp: Wenn ich in einem schönen Café sitze und mir ein großes Stück Torte gönne, oder mit der Familie unterwegs bin und eine schöne Impression poste, wenn ich das riesige Steak abends im Restaurant poste oder einfach mich mit Freunden in einer schönen Umgebung, dann ist das etwas, was die Leute sich vorstellen können, wo sie sich geträumt hineinversetzen können. Damit kann sich die Masse identifizieren. Ich kann so die Leute draußen abholen, ich kann sie für meine Botschaft öffnen, kann Ihnen ein Hilfsmittel geben, damit sie über ihr eigenes Leben nachdenken. Vielleicht schaffe ich es mit so einem Post ja sogar, dass die Kontaktierten bereit sind, etwas verändern zu wollen. Wenn die Leute dann noch erkennen, dass der Post-Absender genauso normal ist wie sie selbst auch, dann besteht keinerlei Hemmschwelle. Im Gegenteil, es wird demonstriert, dass normale Leute mit normalen Mitteln in einem normalen Leben auf normalem Wege etwas scheinbar Unnormales erreicht haben. Das Ergebnis ist: Es ist machbar auch dahin zu kommen! Der Kontakt kann mir nun nacheifern. Denn ich sehe aus wie er, bin wie er – ich bin erreichbar! Ich habe Neugier und Interesse geweckt. Und durch meine ausgestrahlte beziehungsweise vermittelte Normalität gibt es keinen Grund, sich zurückzuhalten. Jetzt wird nachgefragt, wie das, was ich mache, funktioniert, was ich genau tue, was ich mache, und wie ich das erreicht habe, was ich erreicht habe.

2. Das zweite Drittel handelt letztendlich von der Company, von meiner Organisation, was wir anbieten, wie wir arbeiten, all die Vorteile und Vorzüge, Karrierechancen und alles rund um das Team. Ganz ehrlich: Die meisten draußen wissen doch gar nichts von unserem tollen Geschäft. Sie haben keine Ahnung und kennen höchstens ein paar Vorurteile. Network-Marketing ist für die meisten das große Buch mit sieben Siegeln. Gut so, denn so kann man ihnen ja ein bisschen etwas von uns erzählen. Nicht zu viel, um sie nicht mit all unseren Vorzügen zu erschlagen. Das kann sich doch kaum jemand vorstellen, was in unserer Branche alles machbar ist. Freie Arbeitsplatzwahl, freie Zeiteinteilung, kein Limit beim Einkommen, Lob und Anerkennung, um hier nur ein paar Beispiele zu nennen. Die würden ja umfallen. Also, alles sehr dezent halten, damit man nicht plötzlich wieder unglaubwürdig wirkt. Außerdem hat es sich als gut erwiesen, wenn wir ein wenig von den tollen Produkten unserer Partner-Company berichten und dazu von unseren Teams. Ebenso, dass es hier nicht um Schulbildung geht, sondern jeder bei uns eine reelle Chance bekommt. Und dass wir einen tollen Mix aus jüngeren und reiferen Teammitgliedern haben, die sich alle gegenseitig unterstützen. Denn Teamwork schlägt Einzelkämpfer!

3. Das dritte Drittel handelt vom effektiven Nutzen! Inwieweit helfen wir anderen, welche Chancen bieten wir und was kann man bei uns alles erreichen – beruflich, finanziell, aber auch in Sachen Erlebnisse, Mitmenschlichkeit. Anderen zu helfen, Ihnen bei Problemen im Alltag, bei der Gesundheit eine Stütze zu sein, das ist bei uns ein sehr wichtiger Bestandteil – und genau darauf weisen wir auch hin. Natürlich schwärmen wir auch ein wenig, was wir im Team schon zusammen unternommen haben, dass wir sehr flache Hierarchien haben, man hier sein eigener Chef ist und dass sich hier Möglichkeiten bieten, die es auf dem herkömmlichen Arbeitsmarkt einfach nicht gibt – auch weil sie nicht erwünscht sind. Aber auch hierbei gilt wieder: Nicht zu sehr auf den berühmten Putz hauen. Denn gerade in Sachen Verdienstchancen haben viele Menschen gar nicht die Vorstellungskraft, was alles möglich ist. Sie wären komplett überfordert und sogar verschreckt. Aber denkt bitte immer daran: Auch ich war ein ganz normaler Radio- und Fernsehtechniker mit einem Einkommen von damals 2.400 D-Mark ...

MERKE:
Wer diese drei Drittel bei seinen Postings inhaltlich berücksichtigt, der kommt seinem Ziel erheblich näher!

1.7. Wenn der eigene Nachwuchs nachrückt

Natürliches ist es wünschenswert, wenn die Kinder in die eigenen geschäftlichen Fußstapfen treten. Was sich auf den ersten Blick so normal, so natürlich und so logisch anhört, entpuppt sich auf den zweiten Blick oftmals als doch nicht ganz so leicht. Denn was Vater kann, kann Sohn noch lange nicht. Und was Mutter möchte, möchte Tochter noch lange nicht. Hinzu kommt, dass im Falle eines Falles von beiden Seiten her ein gewisses Maß an Fingerspitzengefühl im gegenseitigen, respektvollen Umgang gepflegt werden sollte – nein muss. Denn sonst ist der Krach in der Familie und im Unternehmen vorprogrammiert. Vor allem lauert eine Gefahr: Es herrscht eine extrem große Erwartungshaltung, wenn die väterlichen Fußabdrücke aufgrund des persönlich erzielten Erfolges überaus groß sind. So lastet gleichsam ein äußerst großer Druck auf den Kindern.

Das ist bei mir nichts anderes. Wenn jemand den Namen Heberlein hört, denkt er sofort, dass auch bei meinen Söhnen das Geschäft regelrecht positiv explodieren müsste. Ich sehe das eher differenziert, denn ich habe nicht erwartet, dass meine beiden Söhne bei mir ins Geschäft mit einsteigen. Ich habe beiden gelehrt und auch vorgelebt, dass sie versuchen sollen, in ihrem Leben, dass sie lieben, etwas zu tun, was sie ebenfalls lieben. Denn dann brauchen Sie im Grunde genommen nie wirklich zu arbeiten. Im Prinzip nichts Neues, sondern es sind lediglich Erfahrungen, die ich selber gemacht habe. Das sind die Prinzipien, die sich auch meiner Meinung nach nie ändern werden – und nie ändern sollten.

Dass meine beiden Söhne nun doch in unserer wunderbaren Branche aktiv und erfolgreich wurden, resultiert letzten Endes aus dem Umstand, dass meine Kinder ja mit den Produkten unserer Partner-Company aufgewachsen sind. Für die war das ganz normal, dass wir die Produkte im Haus haben und sie auch selber aktiv nutzen. Doch hatten sie deshalb jetzt zu Beginn ihrer Karriere auch nicht gleich den großen Drang, die Produkte selber zu vermarkten. Sie hatten eigene Pläne. Und da ich versucht habe, meine Kinder so zu erziehen, dass ich sie nicht beeinflusse, sondern Ihnen meine Werte positiv vorlebe, und sie in den Dingen, die sie immer wieder gutmachen, lobe und unterstütze, habe ich sie auch in ihrem Tun gefördert.

Mit der draußen gemachten Praxiserfahrung – meine Söhne haben ja mitbekommen, wie ich lebe, was wir uns als Familie leisten können und wie frei ich in meinem Tun und in meiner Zeiteinteilung bin – haben sie in den verschiedenen Praktiken und Ausbildungen in anderen Firmen erfahren, das draußen die Welt doch ganz anders aussieht. Es geht halt in der „normalen Arbeitswelt" komplett anderes zu, als wie sie es von mir und meinem Freundeskreis gewohnt waren. Dadurch bekamen sie eine Bewusstseinsänderung, und gleichzeitig eine Haltung, dass sie etwas tun müssen, um so ein Leben zu führen. Denn meine Frau und ich haben unseren Söhnen in der Erziehung bestimmte Werte mitgegeben. Sie mussten immer etwas dafür tun, wenn sie etwas bekommen wollten. Es ist ihnen nicht immer alles automatisiert in den Schoß gefallen. Auch wenn es uns immer gut ging, haben wir sie materiell sicherlich nicht mit Dingen überschüttet. Wir haben ihnen beigebracht, dass zum Nehmen immer auch das Geben gehört. Und mit dieser Einstellung stehen meine Frau und ich nicht alleine da. Denn die Führungskräfte in meinem Team, bei denen die Kinder ebenfalls mit in unser einzigartiges Network-Business kommen, ticken genauso. Egal, ob in Deutschland, Finnland, Norwegen, oder auch in Polen – überall passiert es aktuell, dass die Kinder mit in das Empfehlungs-Geschäft der Eltern eintreten. Darüber freue ich mich sehr. Dennoch bin ich zugleich der Überzeugung, dass man seine Kinder nicht auf einen bestimmten geschäftlichen Weg drücken und schieben sollte. Man sollte sie vielmehr in all den Dingen unterstützen, die sie lieben. Dann können sie selber feststellen, was Sie in ihrem Leben haben möchten, und genau dafür kann man ihnen dann eine Lösung anbieten. Man kann Ihnen zeigen, wie die Firma funktioniert, welche Möglichkeiten es gibt, aber sie sollen selbst entscheiden, selber auswählen. So funktioniert übrigens unsere ganze Organisation.

Zugleich wissen wir, dass andererseits gerade der Übergang zwischen Firmen-Vater oder -Mutter und den Firmen-Kindern nicht immer so reibungslos verläuft. Das weltweit agierende Wirtschaftsprüfungs- und Beratungsunternehmen Deloitte veröffentlichte im Jahr 2016 folgende Bullet-Points aus einer Studie dazu:

- **80 Prozent** der Nachfolger wollen einen völlig neuen Führungsstil etablieren
- **56 Prozent** streben strategische Neuausrichtung an
- **51 Prozent** setzen auf mehr wirtschaftliches Risiko

Dazu kommen enorme Risiken und Herausforderungen, an denen ein Generationswechsel im eigenen Unternehmen scheitern kann. Dabei muss es sich nicht zwingend um die mangelnde Qualifikation oder einen gering ausgebildeten Unternehmergeist von der jungen Generation handeln. Auch die Väter und Mütter, die vererben, bauen Hürden und Hindernisse auf – ohne es aber wirklich zu wollen. Hier die fünf häufigsten:

1. Die aktuellen Inhaber können nicht loslassen und / oder wollen die Nachfolger nötigen, alles so zu tun, wie sie es selber getan haben und weiter tun würden!
2. Die elterlichen Unternehmensführer haben ihre Kinder nicht ausreichend auf die anstehenden Aufgaben vorbereitet.
3. Oftmals ist es auch so, dass der fürsorgliche Unternehmer seine Kinder stets für übertrieben befähigt hält, in vielen Fällen ist gerade das Gegenteil der Fall.
4. Wer könnte schon seine Nachfolger besser ausbilden als man selbst? Fast jeder Unternehmer denkt so in Bezug auf seine Nachkommen. Aber diese Selbsteinschätzung ist falsch und birgt ein großes Risiko in sich. Denn das führt dazu, dass die Nachfolger aus der eigenen Familie niemals über den Tellerrand des eigenen Unternehmens herausschauen, die „reale Businesswelt" nicht kennenlernen und somit kaum unternehmerische Qualitäten entwickeln können. Sie werden in einem unternehmerisch künstlichen Treibhausklima erzogen.
5. War der Vater erfolgreich, muss es der Sohn ebenso sein, weil er ja der direkte Nachkomme ist. Nur, weil sich beide ähnlich sehen, müssen sie nicht auch ähnlich sein und somit ähnlich handeln. Der Erfolgsdruck auf den Nachfolger ist immens. Daher ist es manchmal notwendig, dass Strukturen in einer Firma entsprechend geändert und angepasst werden – auch beim Personal.

Meine Erfahrung sagt mir: Man bekommt mit Druck ein Kind nicht wirklich entfaltet. Ich bin anfangs beruflich auch dem Wunsch meines Vaters gefolgt, Kundendienstleiter beim heute nicht mehr existierenden Versandhaus Quelle zu werden. Aber ich habe schon nach knapp zwei Jahren bemerkt, dass dies einfach nicht mein Weg ist. Und so habe ich nach Alternativen gesucht. Sicher, früher waren große Firmen, europaweit oder gar weltweit agierende Unternehmen, ja auch sichere Arbeitgeber. Dieser Status hat sich jedoch heutzutage komplett geändert. Zeitverträge, befristete Arbeitsverhältnisse, Lohndumping und stets die Ungewissheit, ob der Job, den man heute als Angestellter hat, morgen noch da ist.

Ich glaube viel mehr an die Freiheit eines jeden Einzelnen und an das Können, das in jedem steckt. Daraus sollte auch jeder etwas machen. Jeder hat doch Fähigkeiten von Beginn an mitbekommen. Und es ist die Kunst in der gesamten Führung von Menschen, diese Fähigkeiten zu entdecken, zu erwecken und zu fördern. Man muss in anderen Dinge sehen, an die sie selber glauben, ihnen Hoffnung schenken und sie dann auch in den erkannten Eigenschaften bestärken.

Meine beiden Söhne sind sehr unterschiedlich. Der Jüngere hat durch sein Studium ganz andere Erfahrungen, wie der ältere mit seiner sportlichen Karriere. Aber der eine hat ganz andere Fähigkeiten als der andere. Wertvolle Fähigkeiten aber haben beide sehr viel. Ich habe in meiner Organisation sehr viele Führungskräfte, die nämlich exakt das vorleben, wofür ich stehe. Aber sie sind dennoch alle anders, jeder einzelne von ihnen und sie alle haben die unterschiedlichsten Fähigkeiten. Jede für sich ist wertvoll und ist es wert gefördert zu werden. Jede einzelne Tugend ist ein Baustein zum Erfolg. Darum allein schon müssen Fähigkeiten allesamt gefördert werden.

Ich habe sehr klar erkannt, dass bei meinen Söhnen dieses bewusste Fördern mit viel Fingerspitzengefühl passieren muss. Und zwar am besten über Dritte! Denn der Prophet taugt nichts im eigenen Land. Ich schicke am liebsten Führungskräfte zu meinen Söhnen, auf die sie hören und denen sie vertrauen. So erspare ich ihnen auch, die Predigt vom Vater zu hören. Wer bitte will das schon als Kind – auch, wenn das Kind schon erwachsen ist? Man kann tun, was man will, aber der Vater bleibt beim Kind in jedem Alter immer der Vater. Den Status des Freundes sollte man sich immer dazuverdienen. Aber Chef darf man in der Vaterrolle nicht spielen, denn dann würden auch die besten Ratschläge verpuffen und verrauchen, weil sie beim Gegenüber abprallen würden.

MERKE:
Wer nicht mit der Zeit geht, der geht mit der Zeit!

Der Satz: „Früher war alles besser" ist genauso reaktionär und falsch wie der bekannte Spruch: Die Jugend von heute hat keinen Anstand. Falsch, denn es gibt junge Menschen, die haben ihn, genauso wie es ältere gibt, die keinen haben. Manchmal jedoch ist es nur die Reaktion oder die unbekannte Verhaltensweise von einem Menschen, die nicht ganz unserem eigenen Muster entspricht – schon sind wir mit dem (Vor-)Urteil zur Stelle. Meist mit einem Fehlurteil, wie uns diese Geschichte von der Autorin © Giesela Rieger aus ihrem Buch „Geschichten, die Dein Herz berühren" beweist:

An einem eisigen Wintertag wartete ich in einer überfüllten Bahnhofshalle auf meinen Zug. Beim Einsteigen herrschte ziemliches Gedränge. Deshalb nahm auch kaum jemand wahr, dass eine alte Frau von einem rücksichtslosen jungen Mann angerempelt worden war und beinahe zu Boden gefallen wäre, wenn ich sie nicht aufgefangen hätte!

Diese Frau saß mir dann im Zug dankbar gegenüber. Wir kamen ins Gespräch und ich erkundigte mich noch einmal nach ihrem Wohlbefinden. Die Jugend von heute ist einfach nicht mehr das, was sie früher einmal war, so endeten meine Worte. Als der Schaffner kam, um die Fahrkarten zu kontrollieren, stellte die Frau erschrocken fest, dass ihre Geldbörse gestohlen worden war! Der alten Dame kamen die Tränen und sie erzählte, dass sie eben auf der Bank ihre monatliche Rente abgehoben hatte. Im Zugabteil wurde es ganz still und es schien, dass jeder mit dieser Frau mitempfand.

Als ein junger Mann anfing, auf seiner Mundharmonika eine fröhliche Melodie zu spielen, hätte ich mich beinahe darüber empört. Ich fragte mich, wie wenig Feingefühl doch die Jugend heutzutage haben müsse, um in solch einer Situation Heiterkeit zu verbreiten.

Doch es kam sogar noch schlimmer! Denn nach seiner Darbietung zog der junge Mann seine Mütze vom Kopf und ging im Zug umher, um Geld zu sammeln. Es schien, dass ihm wirklich alle Fahrgäste

Geld gaben. Ich sah sogar, dass manche Scheine zückten! Ganz zum Schluss kam er zu mir. Nein, ich wollte diesen Bettler nicht unterstützen, der noch dazu zwei gesunde Hände zum Arbeiten hatte! Also stellte ich mich schlafend, sodass er mich zum Glück nicht ansprach.
Dann passierte jedoch etwas, das mich zutiefst erstaunen ließ. Der Mundharmonikaspieler ging zu der bestohlenen Frau und schüttete das gesammelte Geld auf deren Schoß! Er lächelte sie an und sagte, dass jeder im Zug von Herzen gerne etwas gegeben habe.
Beschämt erkannte ich meinen Irrtum und wollte gerade doch noch nach meiner Brieftasche greifen. Aber dazu war es zu spät, die alte Frau war bereits aus dem Zug ausgestiegen.
In Bezug auf unser Business würde ich lieber bei der jungen Generation, die ja auch Neudeutsch „Generation Y“ oder als sogenannte „Digital Natives“ bezeichnet werden, die Unterscheidung zwischen Vorteile, die sie mit einbringen können und Herausforderungen, die sie noch bewältigen müssen, vornehmen.

Vorteile sind in meinen Augen:

- Junge Leute haben Dynamik, denn sie wollen beruflich vorankommen. In dem jungen Alter wollen sie die Welt erobern und haben auch noch richtige Pläne sowie Ziele dafür.
- Sie sind offen für Alles und vor allem für Neues.
- Außerdem lassen sich junge Leute leichter begeistern als die reifere Generation.
- Junge Leute haben dazu oft noch echte Visionen, denken unverbraucht und durch noch nicht gemachte schlechte Erfahrungen unverdorben.

- Und weil das so ist, sind sie darüber hinaus einsatzbereiter und fahren deshalb selber auch noch über einen längeren Zeitraum einen höheren Einsatz.
- Sie haben sich ihre Hörner noch nicht abgestoßen und gehen oftmals sehr viel offener, ohne lange zu hinterfragen, an eine Herausforderung heran. Auch das resultiert aus den noch nicht so häufig gemachten negativen Erfahrungen in ihrem bisherigen relativ kurzen Leben.
- Sie sind nicht vorbelastet, Ihnen liegt noch die Welt zu Füßen, was dazu führt, dass sie offener, williger und damit auch zielorientiert leistungsbereit sind.
- Und – ganz wichtig – die „Digital Natives" sind durch das Internet und durch die zahlreichen Social-Media-Kanäle mit der Welt vernetzt, sie sind informiert, und sie wollen an allem, was draußen in der Welt läuft, teilhaben. Allerdings wissen sie oftmals nur noch nicht wie ...

Das sind im Grunde genommen die maßgeblichen Faktoren, die die „Young Generation" in eine Branche, in die Geschäftswelt und damit in den Bereich des Empfehlungs-Marketings mitbringen.

Herausforderungen, die sie noch zu meistern haben – da gibt es in meinen Augen nur einen Punkt:

- Dadurch, dass sie sich eben schneller für viele Dinge begeistern lassen, passiert es auch oft, dass die anfangs getroffene Entscheidung sich im Nachhinein als ein Fehlschuss herauskristallisiert. Ob das ein richtiger Nachteil ist, wage ich jedoch zu bezweifeln. Denn es ist halt das Resultat von mangelnder Erfahrung gepaart mit einer gehörigen Portion Spontanität. So ist die Jugend nun einmal, und so waren wir Älteren auch einst. Was dann nach Wankelmut und Unbeständigkeit aussieht, ist eben der Erfahrungsmangel. Es wird eine Erfahrung gemacht und schon sieht die Welt für einen jungen Menschen wieder ganz anders aus. Er revidiert seine zuvor getroffene Entscheidung – und dies oftmals genauso schnell, wie er sie kurz zuvor gefällt hat. Denn: Ein Fehler ist erst dann ein Fehler, wenn man nichts daraus gelernt hat!

Und, wie schon anfangs erläutert, sind es nicht nur die bisher zu wenig gemachten Erfahrungen, sondern die Defizite im Bereich Werte spielen dabei oftmals auch eine entscheidende Rolle. Werte, die sie bisher nicht vermittelt bekommen haben. Früher galt bei uns noch der Slogan: Ein Mann, ein Wort. Ein Handschlag hatte zu meiner jungen Zeit und auch heute noch bei mir Bedeutung und Wert. Das gilt heute immer weniger. Dafür kann aber letzten Endes die Jugend nichts, denn sie bekommt diese Werte oftmals nicht mehr vom Elternhaus mit. Vielleicht auch, weil sich die Lebenssituationen stark geändert haben. Beide Eltern müssen heute meist arbeiten, haben gar nicht mehr die Zeit, sich intensiv mit ihren Kindern oder heranwachsenden Jugendlichen erzieherisch zu beschäftigen und auseinandersetzen. So gehen viele Dinge wie Respekt, Basis-Benehmen oder Worte wie Danke, Bitte – all das geht zunehmend verloren. Das heißt aber nicht, dass man diese Werte nicht neu vermitteln kann.

Dass die Jungen vieles anders machen als die Alten, das ist normal. Das muss von der Gesellschaft ebenso akzeptiert werden wie von der Arbeitswelt. Jede Generation ist anders. Aber mir geht es um Grundwerte, nicht um unterschiedliche Ansichten. Das sind zwei Paar Schuhe. Die Grundwerte regeln das gute Zusammenleben, bestimmen das soziale, friedliche Miteinander. Diese Basis hat sich nicht verändert, aber der Umgang damit. Solche Werte des guten Miteinanders werden zunehmend vernachlässigt. Und das empfinde ich als sehr schade.

1.8. Unzufriedenheit als Triebfeder

Wenn Babys schreien, dann hat das meistens zwei Gründe: Entweder sie haben Hunger, oder sie wollen etwas haben. Egal, was der Grund sein mag, auf alle Fälle sind sie gerade mit der aktuellen Situation komplett unzufrieden. Irgendwie kommen wir Menschen aus dieser Zwickmühle nie raus. Ständig haben wir Hunger bzw. wollen etwas haben. Wir sind hungrig auf oder nach etwas. Das ist ja auch gut so. Denn nur ein hungriger Löwe geht auf Jagd. Ein satter döst hingegen faul in der Sonne herum. Genau aber das ist der Punkt, der in unserem Traum-Business zählt: Der Hunger! Die ständige Begierde ein neues Ziel zu erreichen. Und auch das ist wiederum gleichbedeutend damit, dass wir mit der aktuellen Situation unzufrieden sind. Ja, so sind wir Networker nun einmal. Ziel erreicht, neues Ziel gesteckt – und schon geht die Jagd wieder los, weil wir hungrig sind. Die Erfahrung mit vielen, vielen Partnerinnen und Partnern aus meinem Team hat mich dabei gelehrt: Nur der Hunger und die Unzufriedenheit treiben uns aus der Komfortzone raus!

Das ist die große, geheimnisvolle Energie, die im Network-Marketing fließt, die antreibt, die Lust auf das Tun macht und die uns immer wieder zu neuen Erfolgen treibt. Ich liebe dieses Gefühl, die ungeheure Kraft, die uns antreibt und die uns so viel an Glück und so viele Siege schenkt. Das Leuchten in den Augen junger Partner, die dann regelrecht erstrahlen, ist für mich jedes Mal wieder ein ganz besonderer Moment. Das ist der Augenblick, wo persönliche Motivation und die Freude über den Sieg, über die eigene Bequemlichkeit nahezu greifbar und sichtbar werden. Dann hat man seiner eigenen Unzufriedenheit die Zunge rausgestreckt, weil man etwas geändert hat. Kein Wunder, dass ich es daher wirklich liebe, wenn junge Frauen und Männer in unsere Network-Branche kommen und noch so richtig hungrig, ja geradezu ausgehungert und total unzufrieden sind. Weil sie nämlich bisher noch nichts ändern konnten. Aber jetzt, jetzt geht's, denn unsere Turbo-Branche ist die Lösung. Fast wie eine Erlösung!

Wir müssen den Mut haben, Hunger und die damit verbundene Unzufriedenheit als etwas Gutes, als etwas Positives zu betrachten. Sie ist eine Antriebsfeder mit enormer Kraft. Dabei will ich aber gern betonen, dass ich in den Menschen immer etwas Positives sehe. Daran glaube ich, denn das ist der Schlüssel. Ich habe bis heute keinen anderen entdeckt, und ich bin mir sicher, dass es auch gar keinen anderen gibt. Im persönlichen Gespräch gilt es herauszufinden, welche Tugenden, Werte, Wünsche, Träume und Fähigkeiten jemand in sich trägt. Oftmals verdecken Leute diese Eigenschaften durch ihren Charme, ihre Lebensumstände, durch ihre Art sich zu präsentieren, durch ihr wirkliches Ich. Aber im persönlichen Gespräch finde ich schnell raus, wo dieser Mensch unzufrieden ist. Entscheidend dabei ist, ob er überhaupt unzufrieden ist, ob ihn etwas in seinem Leben stört, oder er et-

was ändern will. Und genau für diese Unzufriedenheit haben wir in unserer Partner-Company ein Mittel parat: Wir geben diesen Menschen eine Idee an die Hand und damit zugleich einen Halt, eine Art Glauben, nämlich dass er der Beste sei. Ich selber bin ohnehin davon überzeugt, dass jeder draußen ein super Typ ist. Viele wissen es nur selber nicht. Wie schon einmal erwähnt: Nach der Zeugung brauchen wir uns um nichts zu kümmern, denn der „Liebe Gott" baut alles fertig und perfekt zusammen, damit wir nach neun Monaten fertig sind. Dann halten die Eltern die Hände auf und sagen: „Vielen Dank, jetzt übernehmen WIR!"
Doch nicht alle von uns wurden „positiv" aufgezogen und sind entsprechend positiv ins Leben gestartet. Vielleicht wurde der eine oder andere auch nur etwas falsch beeinflusst, aber genau dafür sind wir ja da, um hier wieder etwas positiv zu verändern, etwas geradezubiegen. Ich möchte meinem immer häufiger jungen Gesprächspartner dann nur die Hoffnung geben, dass er mit meiner Hilfe die Option hat, seine Wünsche zu erfüllen und seine Defizite und aktuelle Unzufriedenheit auszugleichen. Dann schließt sich der Kreis wieder, denn das ist „Leadership by heart". Das ist unsere Strategie, und die funktioniert einfach super gut.

WICHTIG:
„Young Generation" – das ist vor allem die richtige Einstellung im Kopf. Denn wer jung und positiv denkt, der ist auch „Part of the Young Generation"!

„WENN DIR JEMAND EINE
AUSSERGEWÖHNLICHE
GESCHÄFTSIDEE ANBIETET,
DU ABER NICHT WEISST,
OB SIE FÜR DICH
FUNKTIONIERT
– SAG ERST MAL JA –
UND LERNE DANACH,
WIE ES FUNKTIONIERT ...!“

SIR RICHARD BRANSON

2. KAPITEL

MARCEL HEBERLEIN – mit neuen Wegen zum Ziel

STECKBRIEF:

Viele träumen davon, ihren Traum zu leben – machen es aber nicht oder erst zu spät. Ich kann nur eins sagen: Tut es! Heute noch! Fangt an! Lebt Euren Traum. Es geht, denn ich habe es auch gemacht. Dabei bin ich aktuell erst 28 Jahre jung, bin glücklich verheiratet, stolzer Papa eines Sohnes – und lebe meinen Traum immer noch weiter. Auch wenn es ein neuer Traum ist. Der erste war, einmal das Leben eines Profi-Sportlers zu führen. Ich hab's getan und war Basketballer in der Bundesliga. Dafür habe ich fast alles gegeben – erst die Schule geschmissen, dann so ziemlich die Gesundheit geopfert. Drauf gepfiffen! Denn es war krass, granatenstark, voll abgefahren. Es war mein Traum. Und jetzt? Ich schwebe wieder auf Wolke sieben – dem Network-Marketing sei dank. Arbeiten auf mehreren Kontinenten gleichzeitig – wo bitte kann man das außer im Network-Business? Und trotzdem habe ich genug Zeit, um meiner Frau und meinem Sohn das zu schenken, was sie brauchen, nämlich neben der Liebe auch die nötige Zeit. Also für mich stellt sich jetzt nur eine Frage: Arbeitet Ihr noch, oder träumt Ihr schon?

2.1. Die Kraft der Vorbilder: Kapieren statt kopieren

Eins habe ich schon seit einigen Jahren festgestellt: Ziele zu verfolgen und sie auch zu erreichen, das ist keine Besonderheit, die Menschen mit viel Lebenserfahrung vorbehalten ist. Das kann jeder. Auch jeder junge Mensch. Wahrscheinlich bin ich dafür sogar ein gutes Beispiel. Denn ich kann anderen jungen Leuten Mut machen, kann helfen ihre Träume zu verwirklichen und das so schnell wie möglich. Denn ich bin einer von Euch – einer aus der „neuen Generation", ein junger Typ, der was reißen will, der Träume hat, ja, vielleicht sogar verrückte Träume. Aber ich bin auch einer, der schon tolle Ziele erreicht hat, einen Haken an die ersten Etappen dran gemacht hat und der heute eine neue, ganz andere Vision im Kopf hat.

Ich war Profisportler. Meine Leidenschaft war der Basketball. Körbe werfen, Teamgeist, Spitzenleistungen, Vollgas, tägliches Training und eine unbändige Lust auf Siege. Fünf Jahre lang habe ich alles gegeben – für diesen Sport. Ich habe für meinen Traum sogar die Schule frühzeitig abgebrochen – obwohl ich ein sehr guter Schüler war. Denn das war mir mein Ziel, mein Traum wert. Aber ich habe auch alles bekommen – von diesem Sport. Ich habe Basketball gelebt, mit Haut und Haar. Was mir dabei geholfen hat, mein Ziel zu erreichen? Die durch meine Eltern erlebte, vorgelebte und vermittelte Erziehung, die mir Werte wie Willen und Disziplin mit auf den Weg gegeben haben. Und dafür bin ich ihnen sehr, sehr dankbar und werde es immer sein.

Doch plötzlich war alles zu Ende. Der Traum von der nächsten

Bundesliga-Saison zerplatzte wie eine Seifenblase. Mit 24 Jahren – aus, Schluss, vorbei. Diagnose: sechs Monate Pfeiffersches Drüsenfieber und ein Jahr später ein Kreuzbandriss! Nichts ging mehr. Da half mir auch kein Wille und keine Disziplin. Die Karriere war vorbei. Die Gesundheit hatte mir einen Strich durch meine Rechnung gemacht. Das Abenteuer „Profi-Sport" war zu Ende. Doch wie heißt es so schön? Nach dem Abenteuer ist vor dem Abenteuer ...

Da ich schon immer jemand war, der sich Ziele setzt, sich an diesen orientiert und diese wie ein Adler seine Beute knallhart im Fokus hat, suchte ich mir eine neue Herausforderung. Mein nächstes Ziel lautete: Erfolgreich werden in der freien Businesswelt. Ich wollte ein Unternehmer werden. Einer, der so manches anders macht, unkonventionell ist. Aber auch einer, der dem Wort „Unternehmer" gerecht wird und etwas unternimmt, anstatt etwas zu unterlassen. Ich wollte gestalten, kreieren und dabei große Freiheit genießen. Und was lag da näher, als dass ich mich natürlich einmal mit dem Geschäft meines Vaters eingehend befasste, was ihn ja mehr als erfolgreich gemacht hat. Zeit, um mich so richtig schlau zu machen, hatte ich ja genug. Mir war dabei von vornherein wichtig, dass ich mich als Mensch und meine Art, meinen Charakter voll mit einbringen kann. Ich wollte mit Herzlichkeit und menschlicher Wärme, mit Anstand und Lust auf Engagement eine eigene Leistungskultur hervorbringen. Eigentlich so, wie es mein Vater geschafft hat. Jemand, der mit Liebe und Hingabe, mit Freude und Ehrgeiz, mit Herzblut und viel Menschlichkeit zu einem der erfolgreichsten Networker in Europa geworden ist. Er ist mein Vorbild. Aber ich wollte ihn nicht kopieren, sondern ich hatte im Zuge meiner Recherche viel mehr kapiert ... nämlich wie sein Business funktioniert, was es ausmacht und worauf es dabei ankommt!

Schon in früher Jugend habe ich mir Vorbilder gesucht. Denn wer sich an ihnen orientiert, der kommt schneller voran. Man betritt dadurch schon erprobte, mehrfach erfolgreich getestete Wege. Für mich war das immer, als ob ich in eine andere Welt übertrete. Und ich habe gemerkt – auch in der Zeit als Sportler – wer Vorbilder hat, der spart Zeit, denn man braucht einen Weg nicht zu suchen. Das gilt gerade für jemanden als Teil der neuen Generation, die viele Erfahrungen noch nicht gemacht hat. Vorbilder zu haben, ihnen nachzueifern, inspiriert und motiviert gleichermaßen. Durch sie fühlen wir, wie ihre Einflüsse auf uns wirken. Man lernt Verhaltensmuster, übernimmt Techniken, übt Handlungssysteme. Aber dadurch, dass wir als Mensch alle einmalig sind, echte Unikate sind, stehen wir nicht als bloße Kopie unserer Idole dar. Denn wir vermischen das von ihnen Gelernte mit unserem eigenen Charakter und erweitern daher unseren persönlichen Handlungsspielraum. Plötzlich haben wir es einfach drauf und wissen viel besser, wie das Spiel läuft. Kennt Ihr das? Habt Ihr das auch schon einmal probiert? Macht das mal, Ihr werdet sehen, wie sehr Euch das noch weiter voranbringt ...

Biografien anderer Persönlichkeiten haben mich daher schon seit frühester Jugend interessiert. Ich fand das total spannend, über deren Leben, deren Weg und deren Einstellung mehr zu erfahren. Ich ließ mich inspirieren. Meistens habe ich erst einmal versucht, einen Film oder eine CD von meinen Vorbildern zu bekommen.

Und wenn das nicht klappte, dann habe ich mir das entsprechende Buch besorgt und es gelesen. Dabei bin ich regelrecht eingetaucht in die Welt meiner Idole, habe gefühlt, gedacht wie sie. Na klar, damals waren natürlich Dirk Nowitzki, Michael Air Jordan oder Earvin Magic Johnson meine Basketball-Idole. Ich habe mir extrem viel Wissen und Know-how aus diesen Büchern gezogen, weil ich immer nach Vorbildern gesucht habe, die mir Lösungen auf Herausforderungen und Antworten auf meine Fragen gegeben haben.

Und dennoch: Eines der wichtigsten Vorbilder überhaupt ist und war natürlich mein Vater. Denn ich habe gesehen, was er uns als Familie und uns als Kindern schon in so jungen Jahren alles bieten konnte. Diesen Status Quo habe ich oftmals mit anderen Familien verglichen, wo die Väter oder sogar beide Elternteile sehr hart gearbeitet haben. Keine Frage, spätestens dann war ich mehr als nur über ihn und seine Performance beeindruckt und kam stets zu dem Schluss: Wow, mein Vater muss irgendwie eine Menge richtig machen! Und genau das hat mich angeheizt. Aber da ich ihn nicht blind kopieren wollte, sondern in allen Belangen auf eigenen Füßen stehen wollte, brauchte ich eine andere Initialzündung. Jemand der bei mir die Lunte anzündet – explodieren konnte ich dann allein, da ich ja genug Pulver in mir hatte. Ich weiß, das klingt komisch, aber kennt Ihr das auch, wenn Ihr einen Extra-Kick in Form einer dritten Person braucht, damit die Post so richtig bei Euch abgeht? Bei mir ist das so. Irgendwie unerklärlich. Da habe ich schon den Meister seines Faches im eigenen Haus und höre dann doch lieber auf andere. Zugegeben: Klingt beknackt! Aber ist so!

Selbstverständlich hat mein Vater mir über die Jahre sehr viel beigebracht und mich auch gecoacht. Aber als Vater-Sohn-Gespann schafft man es kaum, auch einmal über die 100 Prozent hinauszugehen. Mitten rein in die Schmerzgrenze, da, wo es auch wehtut. Dafür ist der Beschützerinstinkt beim eigenen Vater in der Regel viel zu ausgeprägt. Und ehrlich gesagt: So soll es ja auch sein. Bei einer dritten Person hingegen strengt man sich noch einmal mehr an, gibt noch ein Quäntchen obendrauf. Das war auch beim Basketball so.

Bei meinem Vater wusste ich, dass er stets schützend die Hand über mich hielt. Natürlich hat er mich gelobt und mir gesagt, was für ein gutes Spiel ich gemacht hätte – auch wenn es kein gutes Spiel war. Das hat er gemacht, weil er mein Vater ist. Denn er drillt ja seine Kinder oder auch seine Partner im Team seines Unternehmens nicht. Er ist und war immer derjenige, der das Positive in einem Menschen sieht. Aber das bringt einen in dem Moment bei aller Liebe nicht wirklich weiter. Man muss einfach auch einmal deutlich seine Grenzen gezeigt und gesagt bekommen. Auch wenn es schmerzt. Manchmal hilft eben nur die nackte, brutale Wahrheit. Deswegen war ich immer froh, wenn dritte Personen ins Spiel kamen. Denn die haben mich durch den ausgelösten inneren Kick weitergebracht. Denen konnte ich beweisen, dass ich es schaffe, und zwar zu 100 statt zu 99 Prozent. Da konnte ich zeigen, dass ich gut bin. Und irgendwie konnte ich es mir auf diese Weise selber damit ebenso immer beweisen. Das ist auf eine gewisse Art auch ein Selbstreinigungsprozess, bei dem man sich aus der geistigen Komfortzone der Eltern löst, die einen mit dem Mantel der Liebe und Güte zudecken.

2.2. Weg mit der Schmusedecke – rein ins Abenteuer

Was also bedeutet das in letzter Konsequenz? Ganz klar: Leute, Ihr müsst aufstehen, Decke weg und runter vom Kuschelsofa. Einmal kräftig strecken, sich schütteln und dann lasst uns gemeinsam in die vielfältige, bunte, aufregende, facettenreiche, faszinierende, abwechslungsreiche ... soll ich aufhören, oder weiterschwärmen? ... Welt des Network-Marketings eintauchen. Diese Hammer-Branche, in der jeder seinen ganz persönlichen Erfolg finden kann. Warum? Weil bei uns die Uhren anders ticken – besser, schneller, cooler und vor allem so, wie jeder es gerade benötigt. Network-Marketing ist Faszination pur. Basta! Da hält kein Vergleich mit der gewohnten Arbeitswelt stand, kein einziger. Glaubt mir, falls Ihr es selber noch nicht erlebt habt. Hier ist nichts, wie Ihr es bisher gewohnt wart, oder von anderen gehört habt. Unser Business ist nicht nur anders, es ist schlicht und einfach besonders und außergewöhnlich. Es ist eine schimmernde Perle in der Arbeitswelt-Muschel! Wer diese Perle findet, der ist verzaubert, beinahe wie hypnotisiert. Wir arbeiten, wann wir wollen und wie wir wollen, aber dafür um ein Vielfaches effektiver, effizienter, lösungsorientierter, zeitbewusster, geplanter, durchdachter – und vor allem freier! Networker werden nicht wie ein Tanzbär am Nasenring durch die Arbeitsmanege im Büro geführt. Wir sind frei im Denken und im Handeln – und genau das ist es, was meine Young Generation will. Dabei sind wir trotzdem noch x-Mal produktiver, bringen mehr zustande und feiern größere Erfolge als andere am Schreibtisch, die mittags ihr Pausenbrot mampfen und um 17 Uhr abgenervt und gelangweilt nach Hause gehen. Fragt man sich doch, warum das immer noch so viele Frauen und Männer mitmachen? Ich glaube, ich weiß die Antwort: Weil sie so erzogen worden sind. Denn von Kindesbeinen an wird uns ständig gesagt, was wir sind, was wir können, was wir tun sollen und was wir zu lassen haben. Das Resultat: Selbstbewusstsein ade!

Und das hört und hört nicht auf: In unserem Bildungssystem werden uns permanent Grenzen aufgezeigt und schon in jüngsten Jahren, sagen uns die meisten Eltern, was Du nicht kannst oder was Du nicht darfst. Genau das Gegenteil will ich aber als Unternehmer bewirken. Nämlich anderen – egal in welchem Alter und mit welchem Schulabschluss – die Kraft zu geben und den Mut dazu, endlich einmal über sich selber hinaus zu wachsen und über den Schatten zu springen. Es geht nämlich um den einzelnen Menschen, um ihn direkt und nicht um ein bloßes Stück Papier, das sich Zeugnis nennt. Ganz nach Udo Lindenberg: „Hinter dem Horizont geht's weiter!" Wann begreifen die Menschen das endlich, dass es so ist? Warum hören sie ständig auf andere, die ihnen sagen, wo das Ende ist, wo es nicht mehr weitergeht, wo ihre Möglichkeiten enden? **Hört auf, auf andere zu hören. Hört lieber auf Euch selbst** – das ist meine Botschaft. Keine Schranken durch andere. Und das gilt für junge Menschen ganz besonders! Denn wer stets auf andere hört, es immer nur anderen recht machen will, der verliert sich selbst und dreht sich im Kreis, wie das folgende Beispiel von Vater und Sohn beweist:

Ein Vater zog mit seinem Sohn und einem Esel in der Mittagsglut durch die staubigen Gassen einer Stadt. Der Vater saß auf dem Esel, den der Junge führte.

„Der arme Junge", sagte da ein Vorübergehender. „Seine kurzen Beinchen versuchen mit dem Tempo des Esels Schritt zu halten. Wie kann man so faul auf dem Esel herumsitzen, wenn man sieht, dass das kleine Kind sich müde läuft?"
Der Vater nahm sich die Worte zu Herzen, stieg hinter der nächsten Ecke ab und ließ den Jungen auf dem Esel reiten.
Es dauerte nicht lange und ein anderer Mann, dem sie begegneten meckerte: „So eine Unverschämtheit. Sitzt doch der kleine Bengel wie ein Sultan auf dem Esel, während sein armer, alter Vater daneben herläuft."
Die Worte verletzen den Jungen, weil es ja gar nicht in seiner Absicht war und so bat er den Vater, sich hinter ihn auf den Esel zu setzen.
„Was für eine Schweinerei. Hat man sowas schon gesehen?", keifte eine Tierschützerin, die sie überholten. „So eine Tierquälerei! Dem armen Esel hängt der Rücken durch, und der alte und der junge Nichtsnutz ruhen sich auf ihm aus, als wäre er ein bequemes Sofa. Das arme Tier!"
Vater und Sohn schauten sich etwas ratlos an und stiegen dann beide, ohne ein Wort zu sagen, vom Esel herunter.
Kaum waren sie wenige Schritte neben dem Tier hergegangen, machte sich ein Fremder über sie lustig: „So dumm möchte ich nicht sein. Wozu führt ihr denn den Esel spazieren, wenn er nichts leistet, Euch keinen Nutzen bringt und ihr noch nicht einmal auf ihm reitet?"
Der Vater schob dem Esel eine Hand voll Stroh ins Maul und legte seine Hand auf die Schulter des Sohnes du sagte: „Ganz egal, was wir machen, man macht es keinem Recht. Ich glaube, wir müssen selbst wissen, was wir für richtig halten."

Darum sage ich: Hört auf Euch, und seid bereit für neue Wege, für Abenteuer und fangt an Euer Leben zu gestalten. Runter von der Einheitsfahrbahn, die eine Einbahnstraße ist, rauf auf die linke Spur der Autobahn und Vollgas geben. Wenn ich nur daran denke, wie viele aus der „Young Generation“ eine Ausbildung von drei oder mehr Jahren absolvieren und dann aber nicht weiterwissen, was zu tun ist? Weil sie insgeheim schon mit ihrem Leben auf eine gewisse Art und Weise abgeschlossen haben. Sie befinden sich bereits in einem gefährlichen Denk-Rhythmus, in dem ihre Arbeit um 8 Uhr morgens anfängt und schon dann wissen sie, dass sie um 17 Uhr nach Hause gehen können. Wie toll! Dann noch kurz Abendbrot essen, noch ein bisschen Fernsehen und sinnlose Serien gucken, danach Licht aus, ab ins Bett und zack – schon ist der Tag rum. Das machst Du fünfmal in der Woche und freust Dich dabei höchstens noch auf das Wochenende, das dann auch nicht wirklich anders und erfüllter aussieht. Ist das nicht schockierend? Mich quält dieser Gedanke, ja, ich finde es sogar beschämend, wie stumpf die nächste und viele aus meiner Generation manchmal denkt. Die haben alle ihre Kindheitsträume schon lange abgehakt. Visionen? Wer so lebt, wie eben beschrieben, der hat so etwas nicht mehr. Wie auch? In so einem eintönigen, öden, abgestumpften und beinahe sinnlosen Leben ist ja gar kein Platz mehr für Träume. Die jungen Menschen haben doch im Grunde schon abgeschlossen, bevor es überhaupt wirklich angefangen hat und richtig losgegangen ist. Zu guter Letzt zählen sie die 45 oder 50 Jahre, die sie noch arbeiten müssen, regelrecht rückwärts. Dabei hoffen Sie, wenn Sie irgendwann in Rente gehen dürfen, dass sie dann endlich ihre Weltreise machen können. Ja, dann soll es losgehen. Ausflippen, wenn man Oma oder Opa ist. Gas geben, wenn das Leben fast vorbei ist. Na klar, das macht Sinn! Aber dafür die besten Jahre verschlafen und vertrödeln. Was für traurige Aussichten. Wir brauchen endlich den Hallo-wach-Kick! Her mit der Inspiration. Ich will gerne helfen aufzurütteln und es den Leuten zurufen: „Macht etwas anders als all die anderen! Denn dann macht Ihr es schon mal besser. Und Network-Marketing ist dafür eine perfekte Lösung!"

Vorbilder können Euch dabei helfen – wahrscheinlich noch besser als die Eltern! Denn: Meistens ist es doch so, dass die Älteren, die schon viel Erfahrung gesammelt haben, den jungen Frauen und Männern Ratschläge geben, wie sie es machen könnten. Gut gemeint, aber die Gefahr dabei ist, dass man stets in den alten Denk- und Handlungsmustern verbleibt. Der geistige Zaun bleibt unverrückt wie er immer war, das Gatter wird nicht erweitert und die Weide des Lebens nicht größer. Außerdem: Auch wenn die Älteren schon da sind, wo ein junger Mensch hinmöchte, ist dennoch der Abstand vom Alter viel zu groß. Dazwischen liegen so viele Jahre, in denen sich so viel geändert hat, dass die Mittel von einst, nicht mehr die Mittel von heute sein können. Aber denkt daran: Neue Werkzeuge machen für neue Chancen den Weg frei! Und wo neue Chancen sind, da sind auch neue Erfolge drin. Vielleicht sogar noch größere, als eure Vorbilder jemals erreicht haben. Zu guter Letzt liegt das an Euch selbst, Ihr habt es in der Hand – ganz allein. Niemand ist da, der Euch hindert, der Euch Steine in den Weg legt. Mal ehrlich: Merkt Ihr es gerade wieder, wie genial das Network-Marketing-System ist? Sonnenbrille aufsetzen – hier scheint gerade die Sonne prall aus der Seite des Buches heraus ...

2.3. Werte als Startrampe und Fundament des Erfolgs

Aber bei allem Wunsch nach Erfolg und selbst wenn die Ziele noch so klar definiert sind: Grundwerte sind die Basis dafür. Sie bilden die Startrampe für den Abflug nach oben. Eine Rakete, die mit wahnsinniger Kraft und Energie durch ihre Triebwerke in den Himmel steigt, um den Mond zu erreichen, die benötigt zuvor eine stabile Startrampe. Ist die aber wackelig, ist sie nicht fest und stützt die Rakete der Länge nach, dann fällt der gewaltige Flugkörper um oder steigt zumindest nicht senkrecht nach oben, sondern schießt in eine willkürliche Richtung. Daher braucht Ihr Werte als Fundament, auf dem Ihr nach oben zum Erfolg schießen könnt. Sie sind der Sockel, um zu guter Letzt erfolgreich in Eurem Beruf zu werden.

Es sind die inneren, nicht die materiellen Werte, die zählen und die Euch voranbringen. Für jeden von Euch gilt das Motto: „Du kannst im Prinzip in Deinem Leben alles schaffen, was Du willst, wenn Du die richtigen Werte an den Tag legst. Und die lauten:

- **Disziplin,**
- **Dankbarkeit,**
- **Demut,**
- **Menschlichkeit**
- **Wille**

Vor allem der Wille hilft, damit einem das Aufstehen gelingt, wenn man einmal hinfällt. Daher habe ich diese Werte, die mir sowohl im Spitzensport als auch in meiner jetzigen Tätigkeit im

Network-Marketing so sehr geholfen haben, immer sehr gepflegt. Das ist zugleich der Beweis, dass diese Werte überall anwendbar und gültig sind. Das hat nichts mit meiner jetzigen speziellen Network-Branche zu tun. Ich war Profibasketballer, und habe nach Ende meiner sportlichen Karriere den Beruf des Immobilienkaufmanns angefangen zu lernen. Aber auch da kam es immer wieder auf diese Werte an: Menschlichkeit zählt. Der anständige Umgang miteinander, Fairness und die Identifikation mit einem Unternehmen – das ist doch das, was die Menschen draußen heutzutage suchen. Erfolgreich sein und dennoch eine gewisse Bodenständigkeit an den Tag legen. Das ist etwas, was Wert hat. Und genau das strahlt auch unsere Company aus.

2.4. Die Notwendigkeit für einen Plan B

Wenn ich ein Buch über die „Young Generation“ lese, dann wünsche ich mir, dass folgende Effekte erzielt werden: Es ist interessant zu lesen, ich kann mich mit einer Person daraus oder mit einer Sache identifizieren und es inspiriert mich, mir etwas Eigenes im Leben aufzubauen. Danach will ich mir selber zutrauen können, mir ein eigenes – egal ob erstes oder zweites – auf alle Fälle ein weiteres, oder neues Standbein aufzubauen. Ich will erreichen, dass Ihr folgende Frage für Euch beantworten könnt: Was will ich selber in meinem eigenen Leben erreichen? Und dies ohne Rücksicht, ohne Ratschläge und ohne aufgezeigte Grenzen von anderen. Meine Mission ist ganz einfach. Ich will den Menschen einen Plan B präsentieren, dass Sie mehr aus ihrem Leben machen können – und wollen. Mich macht es unheimlich glücklich, wenn ich einen Mehrwert für andere Menschen erzielen kann, oder Ihnen helfen kann, einen eigenen Mehrwert zu erreichen.

Vielleicht wird der eine oder andere sagen: „Oha, jetzt fängt er aber an zu spinnen! Überschätzt sich Marcel Heberlein nicht ein wenig selber?" Nein! Wieso ich diese Mission erfüllen kann? Ganz einfach: Weil ich als Youngster meinen Plan A erfüllt und meinen Plan B nun gestartet habe. Und weil ich erkannt habe, was dafür das beste Tool der Welt ist – nämlich Network-Marketing. Dieses abgefahrene, offene, ehrliche und vor allem transparente Geschäftsmodell ist einfach der Hammer. Und all diese Erfahrungen kann ich zu einem Paket geschnürt an Euch weitergeben. Ich sitze dabei nicht auf meinem Erfahrungsschatz wie eine Glucke auf dem Ei und brüte vor mich hin. Nein, ich teile ihn gern und gebe davon ab, weil ich will, dass auch Ihr in unserer aufregenden Network-Welt erfolgreich werdet. Vielleicht sogar noch erfolgreicher als ich? Warum nicht? Es sei Euch gegönnt. Keine Angst, ich wäre nicht neidisch. Das ist kein Thema – war es nie und wird es nie sein. Wenn ich früher etwas haben oder erreichen wollte, was andere hatten oder erreicht haben, ich aber noch nicht, dann bin ich schon als junger Mensch zu denjenigen hingegangen und habe gefragt, wie sie es geschafft haben. Das war auch in meiner Sportkarriere so.

MEIN TIPP FÜR DICH:
Macht es wie ich: Ich bin als Sportler oft zu anderen Spielern, die mich inspiriert haben, hingegangen, und habe gefragt, wie sie trainieren, wie sie sich ernähren, was sie besonders intensiv trainieren, um diese oder jene Fähigkeit so gut zu beherrschen, wie es halt der Fall war. Aus all diesen Antworten habe ich mei-

nen eigenen Trainingsplan entwickelt. Das waren vielleicht neun oder zehn Personen, die mich dermaßen inspiriert haben, dass ich Ihnen nacheifern wollte. Und was im Profisport perfekt funktioniert, das klappt auch in der Network-Branche. Schaut Euch an, wie es die anderen machen - welche Kanäle sie nutzen, welche Schlagzahl sie an den Tag legen, mit was für einem Eifer sie arbeiten, was sie motiviert und wie sie sprechen, posten oder ihre Ziele planen. Keine Angst - sprecht diese Leute an, fragt ganz direkt nach und ich versichere Euch, Ihr werdet auch die passenden Antworten bekommen. Denn Networker leben dafür, andere erfolgreich zu machen - also auch Euch!

Ich habe es doch selber auch nicht anders gemacht, als ich anfangs nicht wirklich richtig vorangekommen bin. Da habe ich mir fünf Leute gesucht, die mich heftig inspiriert haben. Von ihnen habe ich mir einen Tagesablauf aufgeschrieben, habe mir entsprechende Tipps von den Leuten geholt, habe die wichtigsten Punkte markiert und habe das dann letztendlich zu meinem eigenen Plan zusammengebaut. So entstand für mich quasi ein perfekter Arbeits-und Lern-Cocktail.

Mein Wissen, dass ich heute besitze, ist das Ergebnis aus vielen Interviews mit vielen verschiedenen, erfolgreichen Personen. Diese Arbeitsweise ist nicht nur effektiv, sie ist auch immer aktuell, weil man sie zu jeder Zeit und in jeder Karrierestufe wieder anwenden kann. Denn man lernt nie aus, sondern muss jeden Tag dazulernen. Und da es immer Menschen gibt, die etwas besser können als man selber, lebe ich jeden Tag mein Motto:

MERKE:
Gehe hin zu den erfolgreichen Menschen und frage sie, wie sie etwas machen, was du lernen oder können willst. Denn wenn man erfolgreichen Menschen nacheifert, kann man nur eines erreichen: Selber erfolgreich werden!

Das einzige, was man für seinen Plan B im Leben benötigt, ist der hartnäckige Wille ihn auch umsetzen zu wollen und damit die Disziplin, sich immer umzuschauen nach anderen Vorbildern, um von ihnen wieder neu zu lernen. Denn das bringt einen weiter. Diese Hartnäckigkeit, dieser unbedingte Wille oder wegen mir auch diese Disziplin kann jeder lernen. Das ist ein Stück weit Einstellungssache.

Ich kann mich noch gut daran erinnern, wie genervt ich war, weil mein Bruder und ich unbedingt Klavier spielen lernen sollten. Oh man, habe ich meine Eltern dafür verflucht. Warum? Wenn ich einen Fehler gespielt hatte, sagte mein Vater: „Von vorne!!!!" Das war zum Verrücktwerden. Ich habe den Sinn dahinter einfach nie verstanden. Und mich hat das wirklich angeödet. Im Nachhinein allerdings muss ich zugeben, dass ich die Beharrlichkeit meiner Eltern heutzutage schätze, weil sie uns damit wiederum ein gewisses Maß an Disziplin beigebracht haben. Denn durch Wiederholungen wirst Du einfach zum Profi – daher sollte Dein Slogan immer und immer wieder heißen: „Von vorne!" Das ist eine Tugend, die nicht nur wichtig und sinnvoll ist, sondern die man jeden Tag gut gebrauchen und anwenden kann und die wirklich im Leben weiterhilft. Trotzdem: Genervt hat es mich anfangs schon. Aber das ist zugleich das Erstaunliche: Was mich einst in der Kindheit vielleicht gestört hat, rechne ich meinen Eltern heute dafür sehr hoch an, weil dieser Lernprozess, den wir dabei erlebt haben, uns heute hilft, etwas im Leben aufzubauen. Vielleicht kennt Ihr das auch?

Dabei ist vieles oftmals eine Frage der Sichtweise, aus welcher Perspektive man etwas betrachtet und schließlich beurteilt. Ich nehme da gern das Beispiel meiner Schullaufbahn. Meine Mutter hält die Prüfung zum Abitur für absolut notwendig, weil sie glaubt, das sei die Eintrittskarte ins Leben der Erwachsenen. Ich bin da komplett anderer Meinung, wenngleich ich hier niemanden abhalten will, das Gymnasium mit besten Zensuren im Abitur abzuschließen. Bitte versteht mich nicht falsch. Meine Meinung, die ich hier erläutere, entsteht rein aus meinem persönlichen Blickwinkel.

Ich war bis zur siebten Klasse ein wirklich guter Schüler. Aber als ich dann tagtäglich intensiv Basketball nicht nur gespielt, sondern auch gelebt habe, konnte ich den Sinn in der Schule nicht mehr wirklich finden. Angefangen habe ich mit dem Basketballsport im Alter von 15 Jahren. Intensiv betrieben habe ich den Sport dann mit 16. Ich habe mich bis zur 11. Klasse noch durchgequält, habe dann aber die Schule doch abgebrochen. Das lag aber auch daran, weil ich diesen Schulabschluss des Abiturs nicht für mich, sondern eigentlich für jemand anderen machen wollte: für meine Mutter. Sie wollte unbedingt, dass ich diese Prüfung als Zeugnis in der Tasche habe. Ich sah aber einfach den Sinn darin nicht mehr, denn mein Vater, der wie gesagt mein größtes Vorbild ist, hat kein Abitur sondern den Abschluss der mittleren Reife. Aber er ist heute ein mehr als erfolgreicher Unternehmer und somit konnte ich nicht einsehen, warum ich mich weiter auf der Schule quälen sollte. Zudem sagte mein Vater immer: „Zu gescheit ist auch nichts…!“ Weil aus seiner Erfahrung diese Menschen oft zu viel denken. Getrost dem Motto: Während die Schlauen noch überlegten, hatten die Dümmeren schon die Burg gestürmt.

Dazu war auf meiner Schule auch noch das Hauptfach „Informatik“, ein Fach, das mich nun überhaupt nicht interessiert oder gar motiviert hat. Ich bin lieber meiner Leidenschaft nachgegangen: Basketball. Und so kam es, dass mein Vater in der 11. Klasse zu mir kam, und sagte: „Wenn das Deine Leidenschaft ist, dann musst Du Deiner Leidenschaft auch nachgehen!“ Es ist die Leidenschaft, die Liebe zu etwas, die ungeahnte Kräfte freisetzt.

2.5. Gestaltung von Freiheit

Die Freiheit, die uns unsere brillante Branche bietet, ist schier grenzenlos. Nicht nur in den Möglichkeiten, was hier alles Sensationelles erreichbar ist, sondern auch was die Flexibilität betrifft. Keiner schreibt Euch vor, wann Ihr eure Ziele ändert – egal, ob sie etwas ambitionierter werden, oder wenn Ihr sie euren aktuellen Möglichkeiten noch ein Stück weit angleicht. Und so ist das auch mit der Leidenschaft. Wofür Ihr sie einsetzt, für welches Ziel, welches Ergebnis Ihr damit erreichen wollt – das alles spielt keine Rolle, denn niemand gibt Euch ein Ziel vor. Keiner sagt Euch, was Ihr bis wann und wie zu schaffen und zu erreichen habt. Stellt Euch das mal in einem Konzern vor. Geistige Freiheiten? Pustekuchen. Nix da – so etwas gibt es nur in unserer großartigen Network-Marketing-Branche. Wenn es heute die Lust ist, so richtig gut Geld zu verdienen – und das darf man bei uns getrost sagen, auch wenn Nicht-Networker pikiert die Nase rümpfen –, kann es doch morgen schon ein ganz anderer Grund sein, der Euch antreibt. Vielleicht wollt Ihr viel mehr expandieren, wollt Euer Team vergrößern – na bestens, Hauptsache das Ziel ist da und wird verfolgt. Das ist die Leidenschaft für etwas, und dafür geben wir brennend heißen Networker alles, gehen bis an die Schmerzgrenze und manchmal auch gern darüber hinaus. Das steckt ja auch schon in dem Wort: **Leidenschaft ist das, was echtes Leiden erschafft!**

Diese Leidenschaft gekoppelt mit der Freiheit macht ein großes Stück der Faszination unserer Geschäftswelt aus. Wenn dann noch die persönliche Freiheit im eigenen Umfeld dazukommt, eröffnen sich noch viele weitere Horizonte. Ich meine vor allem die finanzielle Freiheit, die uns das Empfehlungs-Marketing bietet. Sie ist ein echter Mehrwert im Leben.

Leider haben viele oftmals immer noch kein cooles, lockeres Verhältnis zum Thema Geld. Kennt Ihr den dämlichen Satz: „Geld verdirbt den Charakter!" Das stimmt nicht. Sondern diese Aussage trifft nur auf jemanden zu, dessen Charakter auch schon vorher verdorben war. Das ist die eine Hälfte der Wahrheit. Die andere Hälfte ist nichts anders als Neid. Denn der eben zitierte Satz wird meistens von denjenigen benutzt, die kein Geld haben und sich den Möglichkeiten verschließen, es zu verdienen und damit zu besitzen. „Mehr zu verdienen, kommt von mehr arbeiten!", so einfach ist das. Unser hervorragendes System des Network-Marketings ist das beste Beispiel dafür. Hier kann jeder zeigen, dass er will und dass er es auch macht. Worte zählen hier nicht viel, sondern die erbrachten Taten. Unsere Top-Branche ist das Bekenntnis zur Leistung. Jeder ist eingeladen mitzumachen. Ob jung oder älter. Völlig egal, das spielt keine Rolle. Und ja, bei uns resultiert aus der Leistung auch die Höhe des Verdienstes. Das ist auch sehr gut so! Es geht also ums Geld. Das ist überhaupt nichts Schlimmes. Denn Geld sichert ab, schützt die Familie, gibt Sicherheit und gewährt ein gewisses Maß an Freiheit. Daher gebe ich es gern unumwunden zu: Geld ist mir persönlich wichtig. Es ist für mich ein Symbol der Freiheit. Menschen, die von sich behaupten, Geld sei ihnen nicht wichtig, denen glaube ich nicht wirklich.

Von diesem Aspekt ausgehend stellt Geld doch etwas Gutes dar. Das hat ja nichts mit Raffgier zu tun, wenn man Geld hat, oder mehr Geld verdient und somit auch Geld besitzt. Es kommt ja immer darauf an, was man mit seinem Geld macht. Es geht nicht darum, sich selbst mit unnötigem Luxus zu befriedigen. Sondern die Frage lautet: „Was kann ich Gutes mit dem Geld tun – angefangen in meiner eigenen Familie? Was kann ich meinem Kind durch den Besitz von Geld Gutes ermöglichen? Aber auch wer global denkt, der wird schnell wissen, wie viel Gutes man in der Welt mit Geld machen kann!"

2.6. Global zu denken, heißt global zu handeln

Die Welt ist heutzutage erheblich enger zusammengerückt. Waren andere Länder und erst recht andere Kontinente vor 30 Jahren noch gefühlt extrem weit entfernt, weil man maximal in Auto-

und Flugstunden rechnete, hat sich dies heute radikal verändert. Afrika? Oh Gott, das ist ja eine Tagesreise mit dem Flieger, hieß es früher. Amerika wurde als die andere, neue Welt bezeichnet. Das liegt auf der anderen Seite der Erde, sagte man, jenseits des Atlantiks. All das sind Begrifflichkeiten und Definitionen von Dimensionen, die man heute kaum oder nur noch selten hört. Dem Internet sei Dank. Mit einem Klick bin ich in einer anderen Stadt, besuche ich ein anderes Land und verbinde ich mich mit einem anderen Kontinent. Egal, wie weit dieser auch entfernt sein möge. Ein bisschen Technik macht es möglich. Die Generation der „Digital Natives", also diejenigen, die im Zeitalter von Internet und Social Media geboren und damit groß geworden sind, für die ist das „World Wide Web" eben kein Buch mit sieben Siegeln. Im Gegenteil, die Nutzung aller Art und aller technischen Möglichkeiten ist für diese jungen Menschen das Normalste und Natürlichste der Welt. Die bekannte Abkürzung **„www"** steht bei ihnen eben nicht für „**W**er **w**eiß **w**ie ..." sondern viel mehr für „**w**elt-**w**eites-**w**orken". Hier entsteht aus dem globalen Denken auch globales Handeln. Networking kennt somit auch keine Grenzen. Etwas, was vor wenigen Jahrzehnten in meiner Branche noch undenkbar war. Der Aufbau einer Struktur in einer anderen Stadt war fast ein Ding der Unmöglichkeit. Doch Internet und Social Media bedeutet auch die Überwindung von Grenzen, von Entfernungen und von Zeit. Und damit eröffnen sich ungeahnte Möglichkeiten, sensationelle Chancen und eine ungeheure geografische Ausdehnung des Geschäfts im Empfehlungs-Marketing. Denn uns sind absolut keine Grenzen mehr gesetzt.

Ich kann Euch ein konkretes Beispiel dafür geben. Kennt Ihr das afrikanische Land Namibia? Ein Land im Südwesten von Afrika. Dort baue ich gerade einen Teil meines Geschäfts auf. Die Geschichte dazu ist ebenso spannend wie auch etwas kurios. Vor wenigen Jahren hatte ich einen Gastauftritt als Sprecher der jungen Generation unserer Partner-Company in Berlin. Nach meiner Rede sprach mich eine Frau an. Ihr hatten meine Ausführungen gefallen, vor allem, dass mein Team und ich dabei waren, mit jungen Leuten eine neue Mannschaft aufzubauen. Sie kannte zugleich all unsere Produkte und sagte mir, dass es sie reizen würde, diese neue, nächste Welle mit anzuschieben. Diese Frau stammt ursprünglich aus Namibia. Das war der Startschuss für eine intensive, gemeinsame Zusammenarbeit. Im Sommer 2016 ist sie dann zurück in ihre Heimat nach Namibia gegangen, auch, um unser Geschäft dort neu aufzubauen. Das hat sie nun seit gut zwei Jahren sehr erfolgreich, sehr stabil und zielstrebig gemacht. Und die Zusammenarbeit ist über das Internet überhaupt kein Problem. Distanzen gibt es ja damit keine mehr. Es ist, als ob man mit jemandem in seiner Heimatstadt telefoniert, der bloß ein paar Straßen weiter entfernt wohnt. Wir sitzen uns via Bildschirm gegenüber und sprechen Auge-in-Auge. Da merkt man gar nicht, dass sie in Afrika und ich in Deutschland wohnt.

Was für eine grandiose Erfolgsstory – grenzenloses internationales Business „made by Network-Marketing“, stark, oder? Mich hat das enorm motiviert, dass ich den Network-Kitzel bis unter die Haut spürte. Klar, dass ich unbedingt nach Namibia wollte, um diese Wahnsinns-Truppe endlich einmal selber persönlich kennenzulernen. Also habe ich meine engagierte Geschäftspartnerin gebeten, ihr Top-Team, das aus rund 30 Mitgliedern besteht, einmal zusammenzutrommeln. Leute, was soll ich sagen – ich war total überwältigt. Hin und weg! Was für eine irre Dynamik in den Partnerinnen und Partnern steckt. Und vor allem, was für eine Begeisterung für unser Traum-Business. Die haben mich fast wieder erneut mit dem schönen Virus Network angesteckt und angezündet. Jedes geführte Einzelgespräch war eine pure Freude. Und die Planungen als auch die gesteckten Ziele haben sich dabei fast von allein ergeben. Auch wenn's kein Spaziergang war und wir in vier Tagen quer durch das Land gezogen sind und persönliche Gespräche am laufenden Band geführt haben – jede Minute hat sich mehr als gelohnt.

Es gibt drei große Städte in Namibia, die alle jeweils rund 400 Kilometer voneinander entfernt sind. Und in jeder dieser Städte haben wir uns in einem großen Hotel getroffen, wo wir dann von morgens bis spät abends die jeweiligen Einzelgespräche geführt haben. Diese persönlichen Gespräche sind sehr wichtig, um den einzelnen Partner auch wirklich richtig und tief kennenzulernen – mit all seinen Situationen und seinen Herausforderungen, die sich ihm stellen. Denn nur dann kann man auch bestimmte Stellschrauben drehen und wirkliche individuelle Tipps für sie und das Team an die Hand geben. Darauf lege ich seit gut einem Jahr sehr viel Wert. Seit ich nämlich gemerkt habe, wie wichtig es ist, jeden einzelnen aus dem Team persönlich inklusive persönlichem Umfeld zu kennen. Und seit wir das so machen, gehen die Zahlen weiter im Trend nach oben.

Namibia ist ja nun kein Land, auf das man sofort kommt, wenn man von Deutschland aus über geschäftliche Auslandsaktivitäten nachdenkt. Der Staat an der Grenze zu Südafrika hat lediglich zwei Millionen Einwohner. Davon sind aber gerade mal 40 Prozent nur steuerpflichtig oder haben einen steuerpflichtigen Job. Das bedeutet, dass sie eigentlich nur einen sehr kleinen Markt bieten. Aber weil sie sehr eng mit Südafrika zusammenarbeiten, und Südafrika wirtschaftlich immer noch besser dasteht als andere Länder in Afrika, ist der Markt dort wiederum doch sehr interessant. Außerdem ist Afrika der einzige und letzte Kontinent, der auf der Landkarte unserer Partner-Company bisher immer noch fehlte. Grund genug, um dort also aktiv zu werden. Den weißen Fleck haben wir nun weggewischt.

Doch liegen die Herausforderung und damit auch die Möglichkeiten nicht nur in der Entfernung. Kunden und Partner in anderen Ländern oder gar auf anderen Kontinenten ticken ein Stück weit anders, was die Sache und damit das Geschäft auch wiederum noch spannender machen. Merkt Ihr was? Wenn ich ein paar Seiten zuvor schon von einem Abenteuer gesprochen habe, dann wird jetzt klar, wie viel Abenteuer für junge Menschen in unserer Business-Welt möglich ist. Dem Network-Marketing sei Dank! Alle reden von der Globalisierung – wir Networker sind schon mittendrin dabei und sind global unterwegs. Warum? Weil unser tolles Business schlicht und einfach keine Grenzen kennt. Weder Grenzen in den Köpfen noch Grenzen von Ländern. Ganz im Gegenteil. Wir agieren nach dem alt-bewährten Slogan: Wandel durch Handel! Denn mit unserem Geschäftsmodell überschreiten wir Limits, reichen anderen die Hände und bieten für sie ungeahnte Möglichkeiten. So bekommt die Wahnsinns-Network-Mission sogar einen völkerverbindenden Effekt, was ja auch im heutigen Zeitalter für die junge Generation durchaus von Bedeutung ist. Wir alle in unserem Team könnten vor Freude und Stolz aus dem Anzug springen: Wir haben Network nicht nur gemacht, wir haben es gelebt, nein, sogar vorgelebt. Gestern noch Bamberg, heute schon Deutschland und morgen auf der internationalen Bühne aktiv und zuhause. So schnell und unkompliziert lässt sich ein internationales Team aufbauen. Das ist Erfolg auf ganzer Linie, denn so kommt ein toller Dialog zwischen Menschen zustande, Freundschaften entstehen – mal ganz ehrlich Leute, mehr Völkerverständigung geht doch schon bald gar nicht mehr. Während die Politik noch redet, haben wir mit unserem sensationellen Network-Marketing-Business schon alles in die Tat umgesetzt. Tja, weil wir Macher sind! Und wann macht Ihr mit? Hier könnt Ihr die Welt entdecken, neue Kulturen kennenlernen, auf Entdeckungsreise gehen, Freundschaften knüpfen, fröhlich durch die Welt reisen – und dabei auch noch Geld verdienen! Andere Länder, andere Sitten – stimmt, aber alles mit einem Geschäftsmodell. Also, auf geht's, klemmt Euch den Laptop unter den Arm und erobert die Welt. Geht raus und lernt andere Menschen kennen.

Und jetzt, bei aller Schwärmerei, macht kurz mal eine Denkpause und überlegt Euch einmal, wo, außer in der Businesswelt des Network-Marketings, so was Einmaliges noch möglich ist? In einer Behörde hinterm Schreibtisch? Am Fließband? In irgendeiner Etage eines Konzerns als Angestellter? Als selbstständiger Dienstleister? Na, klingelt's? Da ist sie wieder, diese beispiellose Freiheit im Machen und Tun, die es nur in unserem großartigen Network-Marketing gibt.

2.7. Vorsicht Falle: Dem „Jung sein“ auf den Leim gegangen

Jung zu sein, heißt wenig Erfahrung zu haben. Und das wiederum führt direkt in diverse Fehlerfallen. Zum Glück! „Spinnt der?“, werden jetzt manche fragen und sagen. Nein, ich ticke absolut richtig. Denn Fehler sind es, die uns etwas lernen lassen. Wer kennt nicht den Spruch: „Aus Fehlern wird man klug!“ Fehler können schmerzhaft sein, können wehtun. Aber einmal gemacht, vergisst man die daraus resultierende Wirkung (fast) nie mehr. Jedenfalls sollte es so sein. Der Satz: „Wer Fehler macht, der macht was richtig!“ hat schon seine Berechtigung. Denn wer keine macht, der macht auch entweder rein gar nichts, ist komplett inaktiv und damit eigentlich tot – oder ihm bedeutet die Wahrheit nicht wirklich viel. Denn da liegt es nahe, dass sich einer selbst flunkernd etwas schönredet. Fehler macht jeder, es geht nur darum, wie man mit ihnen umgeht, wie man sie behandelt und dass man sie beim nächsten Mal vermeidet. Nicht umsonst spricht man beispielsweise in Unternehmen auch von einer „Fehlerkultur“.

MERKE:
Eine weiße Weste wird meist erst durch den ersten Fleck interessant. Darum möchte ich Euch ermuntern: An alle da draußen, die Angst haben ihr eigenes Ding zu starten, oder im Network-Business zu beginnen, weil sie sich vor Fehlern fürchten. Keine Angst! Denn Fehler sind der Nährboden des persönlichen Wachstums! Wer einmal einen Fehler macht, der lernt fürs Leben. Wer niemals einen Fehler macht, der lernt nie etwas!

Wir wissen heute durch wissenschaftliche Studien, dass jeder, der Verantwortung übernimmt und etwas wagt, jemand, der sich beruflich auf ein unbekanntes Terrain begibt, in der Regel erfolgreicher wird, wenn er sich selbst auch zugesteht, Fehler zu machen und sich in seinem Drang nahezu perfekt zu sein etwas zurücknimmt. Begangene Fehler sind absolut keine Niederlagen, sondern vielmehr eine Chance. Nur wer Rückschläge und Niederlagen in Kauf nimmt, der kann auch ehrlich beurteilen, ob sein eingeschlagener Weg richtig ist. Außerdem sollten junge Menschen nie vergessen: Viele Erfindungen sind erst durch Fehler ihrer Schöpfer möglich geworden. Also „cool bleiben!".
Ach, das glaubt Ihr nicht? Johann Friedrich Böttger ist der beste Beweis. Kennt Ihr nicht? Kein Problem.

Der 1682 geborene Mann aus Schleiz an der Saale machte eine Lehre bei einem Apotheker. Schnell aber hatte er einen Hang zur Alchemie. Dabei versuchte er immer wieder künstlich Gold herzustellen. Zwar wissen wir heute, dass dies absolut unmöglich ist, aber damals glaubte man noch an diese Kunst. Böttger versuchte alles und kreierte bei seinen wilden Laborversuchen auch tatsächlich einen Stoff, der zumindest aussah wie Gold – aber beileibe keines war. Dennoch holte ihn der damalige König von Sachsen, August der Starke, an seinen Hof, der aufgrund seines verschwenderischen Lebensstils stets klamm war. Er sperrte Böttger in regelrecht edle Keller ein und ließ ihn Tag und Nacht immer wieder neue Versuche starten. Gelbes Gold konnte der Apothekergehilfe zwar nicht herstellen, aber dafür stieß er bei seinen Tests zufällig auf weißes Gold – nämlich Porzellan, das zu den damaligen Zeiten fast noch kostbarer war. Vor allem, weil nur die Chinesen seit mehr als 1.500

Jahren das Geheimnis der Herstellung kannten. Zutaten und Herstellungsprozess wurden auf der Suche nach Gold dabei von Johann Friedrich Böttger entdeckt und entwickelt, bis 1713 erstmals glasiertes weißes Porzellan auf der Leipziger Ostermesse verkauft werden konnte. Das heute noch weltberühmte und sehr kostbare „Meißner Porzellan" war erfunden – dank der vielen Fehlversuche, um künstlich das Edelmetall Gold herzustellen.

Daher rate ich gerade der „Young Generation" zu folgenden
6 Tipps beim Umgang mit Fehlern:

1. **Trotz Fehler gelassen aber ambitioniert bleiben**
2. **Den eigenen Drang zur Perfektion zügeln**
3. **Auch mal den Mut haben, um Hilfe zu bitten**
4. **Stärke beweisen und von Kritik profitieren**
5. **Wichtig: Akzeptieren, Fehler zu machen**
6. **Reflektion auf Fehler, um diese künftig zu vermeiden**

Na, wenn das nicht Beweis genug ist, dass sich Fehler regelrecht lohnen können. Mir ging es nicht anders. Zu Beginn lief mein Geschäft im Network-Marketing relativ gut, vor allem das erste halbe Jahr war sehr vielversprechend. Ich habe mich über ein monatliches Einkommen von etwa 2.000 Euro sehr gefreut. Das war damals sehr viel Geld für mich – und ist es noch. Doch dann sackten Einkommen und Umsätze plötzlich etwas ab. Heute weiß ich: Die Ursache dafür lag eindeutig bei mir selber, weil ich mein Geschäft einerseits etwas schleifen ließ, und mir andererseits immer weniger sagen ließ. Denn ich dachte, ich kann und weiß schon alles. Es lief doch. Von wegen! Wenn Zufriedenheit und ein Stück weit Selbstgefälligkeit die bisherigen Aktivitäten und die Arbeits- und Einsatzfrequenz stören oder gar überdecken, dann kann das nicht gutgehen. Zu schnell gerät man in Versuchung, mit weniger Anstrengung das gleiche gute Ergebnis zu erzielen wie mit dem höheren Einsatz. Das ist nicht nur gefährlich und unlogisch, es funktioniert einfach nicht.

MERKE:
Selbstzufriedenheit ist das sicherste Signal für eine unzufriedene Zukunft! Sie ist beim Aufstieg der Garant für den folgenden Abstieg!

Wer diese bittere Pille einmal geschluckt hat, der wird den stets bitteren Beigeschmack niemals vergessen. Vor allem, wenn man es aufgibt, auf den klugen Rat anderer zu hören. Man kann eben nicht führen, wenn man es nie gelernt hat zu folgen. Das ist eine unvergängliche Weisheit.

Aber bei mir hatte es noch eine weitere Ursache, dass es so kam: Denn, wenn ich heute zurückblicke, ging es mir ja immer gut. Das galt für die Zeit als Profi-Basketballer, wo ich mein Hobby zum Beruf gemacht habe und danach war's auch nichts anderes. Wobei ich knapp zwei Jahre eine Ausbildung in der „normalen" Arbeitswelt gemacht habe. Dort habe ich auch die – bei allem Spaß, den ich hatte – Schattenseiten des Angestelltendaseins hautnah kennengelernt. Pausen einhalten, Urlaub beantragen, sich nach Bedürfnissen anderer richten und brav von 8 bis 17 Uhr am Platz im Büro sein – und das auch, wenn es weniger bzw. nichts zu tun gab. Selbst wenn Frau und/oder Kind krank zuhause waren, musste ich fragen (mir kam es mehr wie betteln vor), ob ich mich kümmern darf und daheim bleiben kann .... So sollte mein beruflicher Alltag sein? Die nächsten 40 Jahre? Heute weiß ich: Nein, Freiheit sieht echt anders aus.

Heute habe ich meine Lektion gelernt und weiß, dass Erfolg keine Selbstverständlichkeit ist. Sie ist eine Gnade, die uns in unserem spektakulären Business zwar schneller und leichter zuteil wird, aber für die wir dennoch jeden Tag aktiv sein müssen. Das ist wie im Zirkus bei den chinesischen Akrobaten, wo die Teller auf den Wackelstangen rotieren. Augen auf und stets in Action, damit kein Teller von der Stange fällt. So ist es auch mit dem Erfolg: Man muss sich um ihn kümmern, sich bemühen und permanent das Richtige oft genug am Tag tun. Wer das Gebot missachtet, der schmeißt sich selber aus dem Rennen. Ging mir doch nicht anders. Einer meiner typischen Fehler zu Beginn meiner Network-Karriere war, mich darauf zu konzentrieren meine drei bis vier Partner zu steuern, zu führen und auch weiter aufzubauen, anstatt stets neue Partner weiter hinzuzugewinnen und weiter aufzubauen. Denn wenn ein Flugzeug startet, kannst Du als Pilot das Gas nicht gleich bei 2.000 Meter Höhe rausnehmen, wenn Du auf 10.000 Meter willst. Daher: Spreche begeistert auf täglicher Basis mit neuen Menschen über Dein Geschäft und den vielfältigen Möglichkeiten.

Und auch bei mir hat es dann tatsächlich rund zwei Jahre gedauert, bis ich realisiert habe, dass sich etwas an meiner persönlichen Einstellung ändern muss. Ich hatte gemerkt, wenn man nach Schuld sucht, man sich nur selbst im Spiegel angucken muss.

Gute Erkenntnis, denn heute weiß ich, wie ich es besser mache und kann mich sehr gut im Spiegel ansehen.

Mein Vater hat dies übrigens alles sehr genau beobachtet. Immer wieder hat er mir kleine Tipps gegeben, meist eher zwischen den Zeilen etwas gesagt. Er hat mich aber nie bloßgestellt und den großen Zampano gespielt und gesagt: „So, nun zeige ich Dir mal wie es richtig geht!" Ganz im Gegenteil, trotz seiner Beobachtungen hat er dabei niemals Druck gegen mich aufgebaut. Doch als er merkte, dass er nicht richtig und nah genug an mich herankommt, da hat er versucht, mich über andere, also über Dritte, zu erreichen. Und schon wären wir wieder beim Thema: die Kraft der dritten Person! Denn durch deren gute, wertvolle Ratschläge bin ich aufgewacht. Auf sie habe ich gehört und von ihnen habe ich die Tipps auch angenommen und ebenso umgesetzt. Das Resultat ist daher kein Wunder: Es ging wieder steil bergauf.

2.8. Mindsetting ist noch lange nicht genug

Ein Einzelunternehmer hatte einen kleinen Stand am Straßenrand der Stadt und verkaufte heiße Würstchen. Sein Gehör hatte schon lange nachgelassen, deshalb hatte er auch kein Radio. Und seine Augen waren auch nicht mehr gut, darum versuchte er gar nicht erst Zeitung zu lesen. All das brauchte er auch nicht, denn er verkaufte mit Freude köstliche, heiße Würstchen.

Die Qualität, die Gemütlichkeit und seine Freundlichkeit sprachen sich bald herum und die Nachfrage stieg von Tag zu Tag. Immer mehr Bewohner der Häuser in seiner Gegend und immer mehr Arbeiter, Angestellte und Führungskräfte aus den umliegenden Büros

kamen zu ihm. Also investierte er in einen größeren Stand, einen größeren Herd und musste so immer mehr Wurst und Brötchen einkaufen. Schließlich holte er seinen Sohn nach dessen BWL-Studium an der Universität zu sich, damit er ihn unterstützte.
Da geschah etwas...
Sein Sohn sagte: „Hast du denn nicht im Radio gehört, dass eine schwere Rezession auf uns zukommt. Der Umsatz wird zurückgehen – du solltest ab sofort nichts mehr investieren!“
Der Vater dachte: „Ok, mein Sohn hat studiert, er schaut täglich Fernsehen, hört Radio und liest regelmäßig den Wirtschaftsteil der Zeitung. Der muss es schließlich wissen!“

Also verringerte er seine Wurst- und Brötcheneinkäufe und sparte zudem an der Qualität der eingekauften Waren. Zusätzlich verringerte er seine Kosten, indem er ab sofort keine Werbung mehr machte. Und das Schlimmste: Die Angst vor der angekündigten Rezession und somit die Ungewissheit vor der Zukunft ließ seine Laune in den Keller gehen. Seine sonst immer ausgestrahlte Freundlichkeit im Umgang mit den Kunden verschwand.
Was daraufhin passierte? Es ging blitzschnell: Sein Absatz an heißen Würstchen ging drastisch zurück.
Da sagte er: „Du hast Recht mein Sohn, es steht uns tatsächlich eine schwere Rezession bevor ...!“

Diese Geschichte ist zwar frei erfunden, sie könnte aber ebenso zu 100 Prozent wahr sein. Denn sie macht deutlich, was die falsche Denkweise und die daraus ebenso falsche Überzeugung anrichten kann. Ich bin daher ein absoluter Fan von dem Leitspruch: Achte auf Deine Gedanken, sie könnten wahr werden!

MERKE:
Erst darauf achten, was man denkt – nämlich stets positiv und in Lösungen. Danach darf man dann sagen, was man denkt und anschließend sollte man tun, was man gesagt hat. Das ist die richtige, die logische und schlüssige Reihenfolge: Vom Kopf auf die Zunge und von der Zunge in die Hand!

Die richtige Denkweise ist dabei der Startschuss. Kurzum: Wenn es im Kopf stimmt, stimmen auch die Taten. Denn alles nimmt seinen Anfang in der eigenen Gedankenwelt. Hier entscheiden wir von vornherein über positive oder negative Gedanken, über Tun oder Lassen, über Aktion oder Reaktion, über ein Ja oder das Nein. Gehen wir an die Lösung einer Aufgabe mit Optimismus oder mit Pessimismus heran? Diese Denkweise, was heute Neu-Deutsch gern als „Mindsetting" bezeichnet wird, ist der Schlüssel dazu. Darum ist es auch wichtig, seine Gedanken einerseits zu ordnen und andererseits auf sie und ihren positiven Gehalt zu achten. Denn so macht Ihr Euch auch gegen Einflüsse von außen immun. Ein ganz wichtiger Faktor: Kennt Ihr das nicht auch, wenn ständig von außen auf Euch eingeredet wird? Plötzlich hat man so einen unsichtbaren Geist auf der Schulter sitzen. Ich nenne den immer „Quatschi". Weil er ständig versucht mir in meine Gedankenwelt zu quatschen. Sei es, dass er mir meinen Glauben an mein Business kaputtmachen will, weil vielleicht auch Eltern, Geschwister oder Freunde so reden und denken. Oder weil er mich beeinflussen will, etwas nicht zu tun, was aber nötig wäre, oder er will mich zu Bequemlichkeit verführen. „Was, heute noch ein paar Postings absenden und ein paar Produktpräsentationen erstellen? Ach was, lieber mit Freunden bei Sonnenschein im

Cabrio eine Runde cruisen. Was Du heute kannst besorgen, verschieben lieber gleich auf morgen … !“ So fies ist „Quatschi“. Dagegen hilft vor allem ein kompaktes, klar strukturiertes, durchdachtes, schlüssiges und motivierendes Mindsetting. Stimmt die Denkweise, stimmen die folgenden Handlungen. Die zu Beginn erzählte Geschichte macht es deutlich. Der erfolgreiche Würstchenverkäufer wäre niemals auf die negativen Botschaften seines Sohnes eingegangen, wenn sein Mindsetting gestimmt hätte. Im Gegenteil: Er hätte ihm schlüssig erklären können, warum er vieles richtig macht und sein Sohn mit seiner Prognose falsch liegt.

Aber das ist nur der Anfang. Die richtige Denkweise ist zwar die Grundlage und damit der Schlüssel zur richtigen Tat. Aber Mindsetting ist noch lange nicht alles. Denn auch wenn wir wissen, was zu tun ist, müssen wir es auch wirklich in die Tat umsetzen. Wir müssen aktiv werden und es machen! Denn erfolgreiches Networking ist die Summe der Taten.

In unserer aufregenden Branche zählen nur Taten und kaum die Worte. Und das bedeutet bei einem neuen Partner im Unternehmen, dass man ihm schlicht und einfach etwas konkret beibringen muss. Das sind die wirklichen Basics. Da genügt es nicht nur aktives Mindsetting zu betreiben, ihm immer wieder zu erzählen, alles ginge von alleine, wenn man nur kräftig dran glaubt – und dies natürlich mega positiv. Nein, er muss auch das Werkzeug, das für den Erfolg notwendig ist, an die Hand bekommen. Denn nur so kommen abrechnungsfähige Aktivitäten zustande. Was nützt es, wenn einer permanent super gut drauf ist, aber die PS nicht auf die Straße bringt, weil er nicht ins Handeln kommt und keine Action macht? Was nützt es, wenn jemand weiß, wie es geht, aber es dennoch nicht macht? Das Mindsetting stimmt, aber die Umsetzung fehlt. Für die tägliche Arbeit muss jemand wissen, was er zu tun hat, wann er es zu tun hat und wie er es zu tun hat. Die eben erzählte Geschichte macht es deutlich: Mit der richtigen Einstellung und dem richtigen Werkzeug funktioniert es. Mangelt es an einem oder gar mehreren Tools, neigt sich die Erfolgskurve nach unten und es geht im rasanten Tempo bergab.

2.9. Die Kunst ein Menschenkenner zu sein

Wenn man mal junge Menschen kurz vor dem Schulabschluss – welchem auch immer – nach ihrem Berufswunsch fragt, dann wird sehr gerne immer wieder eine Phrase gedroschen: „… Irgendwas, wo ich etwas mit Menschen zu tun habe ...!“ Da kann man sich doch auf die Schenkel klopfen und möchte am liebsten laut rufen: „Na prima, herzlichen Glückwunsch, dann komm’ in die Wunderwelt des Network-Marketings. Herzlich willkommen! Denn bei uns „menschelt“ es nicht nur, sondern bei uns läuft das ganze tolle Business nur mit Menschen, durch Menschen und alles dreht sich um Menschen! Hier wirst Du es mit Menschen zu tun haben, dass es nur so kracht – und nicht nur ein bisschen …!“

Denn eines habe ich in all den Jahren, die ich nun in unserem Dream-System aktiv bin, schnell gelernt: Wer Menschen mag, der ist in unserem Job genau richtig! Und darum achte ich inzwischen auch immer auf diese beiden Eckpunkte:

Zwei goldene Regeln im Network-Marketing:
1. Wenn Du die besten Storys und die meisten Erfahrungsberichte erzählen kannst, also ein guter **Geschichtenerzähler** bist,
2. und wenn Du ein absolut guter **Menschenkenner** bist, dann wirst Du in der einzigartigen Branche des Network-Marketings den größtmöglichen Erfolg haben und damit fast automatisch das meiste Geld verdienen.

Wie wichtig und wertvoll es ist, gute Geschichten ebenso gut erzählen zu können, darüber habt Ihr ja schon zu Beginn des Buches einiges lesen können. Aber was den zweiten Punkt betrifft – nämlich ein Menschenkenner zu sein – das war mir anfangs weder klar noch bewusst. Heute aber habe ich verstanden, worum es dabei wirklich geht. Denn es ist von größter Wichtigkeit die Kunst zu beherrschen, jemandem auf eine positive Art und Weise beizubringen, dass das, was er eventuell gerade macht, nicht optimal ist, um sein Ziel zu erreichen. Der Clou dabei ist: Es soll kein Druck aufgebaut und ein drohender Zeigefinger zu sehen sein. Sondern man sagt es durch die Blume, und gibt so durch die Hintertür einen Tipp an den anderen weiter, damit er sein gestecktes Ziel doch erreicht und vom Irrweg abkommt. So wird nämlich auf die angenehme Tour ein Sog erzeugt, ein mentaler Strudel, der einen dann quasi in das richtige Fahrwasser zieht. Und wenn das nicht fruchtet, sucht man sich eben andere Werkzeuge, wie man den anderen erreichen kann. So agiert halt eben ein echter Menschenkenner, weil er es schafft, an einen Menschen heranzukommen. Das vollbringt man einzig und allein dadurch, indem man weiß, was für ein Mensch vor einem steht und wie man mit ihm umzugehen hat. Ich bin der festen Überzeugung, dass dies ein Stück weit auch das Geheimnis des Erfolges in unserer Giga-Branche ist.

Richtig überzeugend ist es, eine Geschichte so zu erzählen, dass man sie als „Schüler" auch wirklich glaubt. Wer das kann, der lässt andere spüren, wie er selbst innerlich brennt und von unserem Geschäft begeistert ist. So jemand ist in der Lage, von einem normalen Meeting, als ob es der Knüller des Jahrhunderts gewesen wäre. Der Trick dabei ist aber ganz einfach – und den kann jeder schnell lernen und anwenden. Nämlich, indem man einfach nur über das Gute, das wirklich Positive, die positiven Aspekte berichtet. Und wer sich ernsthaft konzentriert, wer sich einmal damit beschäftigt, der wird schnell merken, jede Situation, jede Begebenheit, und sei sie noch so schlecht, noch so negativ und noch so traurig, hat auch immer irgendwo einen positiven Kern. Ein Lichtfleck ist immer zu sehen, so wie jede Medaille zwei Seiten hat. Das ist ein Kniff, den sich Leute meiner Young Generation unbedingt abgucken und antrainieren sollten. Hört auf, immer die Nadel im Heuhaufen und die eine Gammelrosine im riesigen Berg der leckeren Weintrauben zu suchen. **Wenn 99 Fakten gegen und ein Fakt für eine Sache sprechen, dann konzentriert Euch auf den einen positiven, denn der zählt.** Die 99 anderen zu diskutieren und sich darüber aufzuregen, bringt nichts und niemanden weiter. Glaubt mir: Wenn man nur lange genug sucht, findet man tatsächlich in allem doch noch irgendetwas Positives. Das ist so eine Art positive Rosinenpickerei, aber ohne die Ehrlichkeit zu verlieren bzw. die Unwahrheit zu sagen.

Wer ein guter Menschenkenner sein will, der muss sich auch die

Zeit nehmen, herauszufinden, was Menschen bewegt, worauf sie anspringen, was ihnen wichtig ist und was sie emotional bewegt. Wo treffe ich ins Herz, wie treffe ich ins Hirn und wie kann ich mit einem Schuss gleich beide Zonen erreichen? Meiner „Generation Y“ geht es doch im Großen und Ganzen sehr gut. Vor allem in Deutschland. Wisst Ihr wie viele andere uns um unser Land beneiden? Die halten unseren Staat für das reinste Schlaraffenland. Aber wenn man sich umhört, ist immer wieder bei Leuten unserer Altersgruppe eine gewissen Zukunftsangst zu spüren. Klar, es brennen ein paar Themen unter den Nägeln und auf einige Fragen sind die Antworten noch nicht deutlich formuliert: Denn weitere Veränderungen stehen an. Wie geht es weiter mit unserer Umwelt? Leben wir weiter im Frieden? Wie entwickelt sich unsere Gesellschaft? Wie steht es um den demografischen Wandel? Wer pflegt uns im Alter? Haben wir dann noch genug Pflege- und Krankenpersonal? Gibt es noch Bargeld oder wird nur noch per Handy bezahlt? Und wie sieht es um unsere Arbeitswelt aus? Gibt es noch genügend Jobs? Und wenn ja, welche?

Werden wir noch Dienstleistungen haben, oder ist morgen alles komplett technisiert und digitalisiert? Wichtiges dazu wird Euch auch noch mein Bruder Sandro ein Kapitel später darstellen. Aber die Fragen bewegen – und deshalb gehen wir in meinem Team genau auf diese Fragestellung ein – ohne zimperlich zu sein.

Wir haben angefangen, eine Präsentation zu erarbeiten, wo wir jungen Leuten demonstrieren können, wie es nämlich um ihre beruflichen Aussichten steht. Beispielsweise zeigen wir aus der heutigen Arbeitswelt, wie Frauen und Männer stupide auf die

Rente hinarbeiten, Tag für Tag, Stunde für Stunde, nur um danach zu sagen, jetzt wollen wir einmal anfangen zu leben. Aber dann ist es zu spät, weil das Leben dann schon fast vorbei ist. Im Grunde machen wir den jungen Leuten klar, dass sie nur ein Leben haben und das müssen sie so schnell wie möglich beginnen zu leben – und eben nicht erst ab dem Rentenalter. Diese Essenz bringen wir ihnen nahe. Dabei versuchen wir aber auch, den kompletten Kontrast zwischen unserem Business und zur normalen, üblichen Arbeitswelt zu schaffen. Das ist ein ganz großes Erfolgskonzept. Sie sollen nämlich in unserer Branche, wo die Uhren so ganz anders ticken, keinen Druck spüren. Vielmehr sollen sie ihre tägliche Arbeit mit viel Spaß verbinden und dies auch so erleben, dazu größtmögliche Freiheiten genießen, aber trotzdem ihre vollen 100 Prozent Leistung vollbringen. Und sie sollen spüren, dass sie ihr eigener Herr sind, dass man ihnen nichts vorschreibt. Dennoch verschweigen wir nicht, dass sie auch selber die komplette Verantwortung tragen. Wir sind kein mit Watte ausgelegtes Kuschel-Center. Es muss dabei für die Youngster klar werden, dass es Freiheit ohne Verantwortung nun einmal nicht gibt. Weder in der Politik, noch gesellschaftlich und in der Arbeitswelt – egal ob digital oder analog, ob online oder offline – schon mal gar nicht. Jeder ist für sich und sein Tun, für sein Handeln und sein Nichtstun verantwortlich. Und dennoch ist niemand bei uns allein oder auf sich allein gestellt.

Das ist unsere Motivation. Bei uns zählt das Miteinander. Das Gegeneinander hat keine Chance. Andere reden von flachen Hierarchien und von Teamwork. Wir aber leben dieses Motto mit Haut und Haar, jeden Tag, rund um die Uhr, weil es uns antreibt, denn wir wollen die Welt ein kleines Stückchen besser und gesünder machen, und noch lebenswerter obendrein. In unserem Team, in unserem Unternehmen hat die Zukunft, von der andere reden, schon gestern begonnen. Und zwar indem wir aus Fehlern anderer gelernt haben und es einfach besser machen. Wir sind alle Partner und damit auch partnerschaftlich miteinander verbunden. Bei uns werden die Ellenbogen nicht ausgefahren sondern eingeklappt. Denn wir sind auch bei privaten Sorgen füreinander da. Partnerschaft ist für uns ein wichtiger und zugleich verbindender Wert. Unterm Strich kann ich hier an dieser Stelle verkünden: Wir sind heute schon so, wie sich ein Großteil der Young Generation die Arbeitswelt von morgen idealerweise vorstellt. Es geht uns um den ganzen Menschen und nicht nur um ein Teil von ihnen – nämlich eben nicht nur um ihre Arbeitskraft. Wir reden nicht abfällig kalt von „Human Ressources". Das überlassen wir gerne anderen Unternehmen, die Menschen für wenig Geld viel arbeiten lassen und sie dann wegwerfen, wenn sie sie nicht mehr gebrauchen können oder wollen.

Da ticken wir in unserer kompletten Unternehmenskultur ganz anders – nämlich modern und menschlich zugleich: Bei uns befinden sich Unternehmen und Partner stets auf Augenhöhe. Das sind alles Faktoren, die junge Menschen sehr an meinem Team und an der Partner-Company, die hinter uns steht, schätzen. Klar, spricht sich das natürlich auch bei anderen herum, dass bei uns Spaß, Erfolg, Arbeit und Freiheit zu gleichen Teilen geboten werden – alles Umstände und Zutaten, die es in der normalen bzw. bisher üblichen Arbeitswelt immer seltener und damit weniger gibt. Bei uns regieren Lob und Anerkennung. Das erhalten unsere Partner fast im Übermaß. Während in anderen Unternehmen doch eher die Regel gilt: Nicht gemeckert, ist gelobt genug. Nein danke, nicht so bei uns! Die Verbindung zwischen Spaß und Arbeit ist etwas ganz Besonderes in unserem Unternehmen und zeichnet uns aus. Wir verbinden immer die trockene Theorie mit etwas, was Spaß macht. Denn wie sagen die Amerikaner so schön? „No fun, no run!“ – heißt übersetzt schlicht und einfach: **Ohne Spaß läuft nichts!**

Mal ehrlich, wie viel Spaß läuft in Eurem Job? Zu wenig? Dann legt den Hebel um. Denn die Denkweise zu verändern ist oftmals der Schlüssel für den nächsten Erfolg. Genau das ist einer der größten Vorteile meiner „Young Generation“. Wir sind im Kopf nämlich noch formbar, und dies heute noch besser als vor 20, 30 oder gar 40 Jahren. Damals waren die gesellschaftlichen Strukturen so verkrustet, dass die Jugend sie erst Stück für Stück aufbrechen musste. Heute herrscht weniger ein „Du musst“, „Du sollst“, sondern heute gesteht man es – selbst in vielen Elternhäusern – jungen Menschen zu, ihr eigenes Ding zu machen. Darum komme ich für mich immer wieder zu folgenden **Pluspunkten**, wenn es um meine coole Generation geht:

+ 1. Offenes Mindset: Auf alle Fälle ist es bei jungen Leuten nicht schwer, dass Mindset zu verändern, ihre Denkweise zu drehen. Reifere, ältere Mitarbeiter sind da schon eingefahrener. Wenn jemand 30 Jahre seinen Job gemacht hat, dann ist es für ihn erheblich schwieriger an ein Produkt und an den Erfolg bei uns im Team oder in unserem Partner-Unternehmen zu glauben, als wenn ein junger Mensch zu uns kommt.

+ **2. Führ- und lenkbar:** Ein älterer Partner fällt immer wieder in sein altes Denkmuster zurück, in ihm kommen immer wieder Zweifel hoch, weil er wahrscheinlich noch nie in seinem Leben soviel Lob und Anerkennung erhalten hat. Ein junger Mensch lässt sich insofern leichter in die richtige Richtung lenken, man kann leichter und auch schneller den richtigen Weg zeigen und er nimmt diesen auch an, weil ihm halt noch negative Erfahrungswerte fehlen.

+ **3. Hohe Affinität zu neuen Medien:** Die Aussage spricht für sich. Wir sind die Digital Natives, wir haben Facebook & Co fast schon mit der Muttermilch eingesaugt. Ein Leben ohne Smartphone erscheint uns beinahe sinnlos. Ohne Social Media? Geht nicht – warum auch? Daher beherrschen wir diese Kanäle und kennen uns damit oftmals besser aus als ältere Kollegen. Hier sind wir gefragt, um ihnen etwas beizubringen, denn trotz unseres jüngeren Alters haben wir hier die Nase vorn – auch im Bereich der Erfahrungssammlung, der Storys und des Know-hows.

+ **4. Höhere Belastbarkeit – auch physisch:** Wer jung ist, der ist auch belastbarer. Kein Problem für die ältere Jugend, denn die kann daher getrost auf den Faktor Erfahrung setzen. Während die Youngster sich beim „Trail & Error" und bei der Erfahrungssuche austoben, gehen die Reiferen sparsamer mit ihrer Energie um und setzen die gemachten Erfahrungen ein. Insofern: junge Power und das Wissen der Älteren halten sich die Waage.
+ **5. Mehr Flexibilität:** Es ist mehr Freiheit bei jungen Leuten vorhanden, weniger Bindung. Dies gilt sowohl im Kopf psychisch als auch emotional. Die Lust, der Drang nach Freiheit ist bei jun-

gen Menschen ausgeprägter. Auch sind sie lokal oftmals weniger gebunden, weil sie noch keine Partner und noch keine Kinder haben. Beides sind Faktoren, die ältere Menschen weniger mobil und damit flexibel erscheinen lassen.

Im Vergleich zu den Pluspunkten existiert ein wesentlicher Unterschied. Die positiven Anlagen sind fest verankert, die sind einfach da, sind naturgegeben und müssen lediglich in ihrer Intensität, in ihrer Kraft gesteuert oder noch weiter gefördert werden. Die **drei Minuspunkte**, die ich anreißen will, sind eigentlich keine echten Nachteile, denn sie sind allesamt durch gemachte Erfahrung auslöschbar:

– **1.** Frauen und Männer der Young Generation haben noch nicht diesen Schmerz empfunden, wie es ist in einem täglichen Hamsterrad zu sein und zu funktionieren. Daher wissen Sie manchmal auch nicht wirklich diese Chance im Network-Marketing zu schätzen. Es dominiert dann einfach noch zu sehr und zu vordergründig der Faktor Spaß.

– **2.** Es fehlt ihnen manchmal noch an der notwendigen Ernsthaftigkeit und an der richtigen Einstellung zur Arbeit.

– **3.** Junge Leute mit guter Ausbildung haben auch noch falsche Flausen und falsche Vorstellungen im Kopf. Sie denken, mit einem Masterstudium bekommen sie hochdotierte Jobs quasi hinterhergeworfen. Dann kommt das böse Erwachen, wenn sie nach vielen Jahren Studium einen Job angeboten bekommen, wo sie gerade mal 2.000 oder 3.000 Euro verdienen. Da wachen plötzlich viele auf und denken sich, dass man ihnen diese knallharte Realität im Studium verschwiegen und dafür ganz andere Dinge versprochen hat. Sie fühlen sich an der Nase herumgeführt und manchmal (leider) auch etwas desillusioniert.

Eines aber wird mehr als deutlich: Das Yin und Yang der beiden Generationen ist ein maßgeblicher Faktor. Beide partizipieren voneinander, sie ergänzen sich auf ideale Weise. So unterschiedlich sie auch sind, so großartig ziehen sie sich gleichsam an und kreieren so eine unglaubliche Energie, die unser Boom-Business Network-Marketing so richtig nach vorne preschen lässt. Hey, wir kommen, und zwar gemeinsam!

MERKE:
Nichts verbindet Generationen besser als Network-Marketing!

Keine Frage: Network-Marketing ist nicht nur ein Geschäft, es ist ein Stück weit auch eine Lebens-Philosophie. Wer die Freiheit liebt, wer Menschen mag, wer keine Grenzen kennt und wer sich die Welt zu eigen machen will, der kann nur zu einem Ergebnis kommen: Diese Branche ist meine Branche! Und da dies alles Faktoren sind, die in der Young Generation von enormer Bedeutung sind und immer wieder aufpoppen, weil sie in der aktuellen und üblichen Arbeitswelt eben gerade nicht vorhanden sind, kann für mich auch hier nur ein Fazit schlüssig ermittelt werden: **Die Young Generation ist die Network-Marketing-Generation.**

„Der Trend geht ganz klar in Richtung berufliche Freiheit ...!“

3. KAPITEL

SANDRO HEBERLEIN – zuhause im Netz

STECKBRIEF:

Erst studieren und dann rein ins Network-Marketing-Abenteuer. Geht nicht? Und wie das geht. Glaubt mir, etwas Besseres könnte mir nach meinem BWL-Studium gar nicht passieren. Denn ich habe auch die andere Seite der Arbeitswelt kennengelernt. Ihr wisst schon: die eigentlich für die meisten übliche Seite, die Nine-to-five-Jobs, wo man als Angestellter sich von einem anderen sagen lassen muss, wann man das Licht ausmachen soll – oder sogar darf. Ich habe gesehen, wie die Leute in Betrieben für ihre Rente in Berlin ackern und wie sie sich in New York den Allerwertesten aufreißen, um nach oben zu kommen. Freunde, was bin ich dankbar, dass ich mit meinen 25 Jahren die Chance zum Network-Marketing-Business bekommen habe. Da kommt es auf meine Leistung an, und nicht, ob mich ein anderer aus Gnade befördert. Und auf ein tolles Team, das gemeinsam Sieger erobert und Erfolge feiert. Seit knapp drei Jahren sind wir mit einer tollen Mannschaft am Start – und es läuft. Warum? Klar, mein Studium hat mir nicht geschadet. Dazu hab' ich eine junge, motivierte Truppe am Start. Leute der Young Generation, die was erreichen wollen. Und von denjenigen, die schon länger im Business sind, haben wir auch 'ne Menge gelernt. Die Junggebliebenen sind nämlich genauso dabei. Passt also.

3.1. Hoppla, hier kommt ein Digital Native

Mal ehrlich, unsere Generation hat es doch echt drauf. Ich bin froh einer der Newcomer zu sein, ein Digital Native, also ein „Eingeborener aus der Internet-Szene". Denn ich bin mit all den Vorzügen und Vorteilen aufgewachsen, die es heute gibt und die für uns Youngster so herrlich normal sind. Wenn ältere Menschen sich noch fragen, wo das wohl alles hinführen wird, sind wir schon mitten dabei, uns die Lösung auszudenken. Ich finde wirklich, dass wir als „Young Generation" die Welt voranbringen, die Gesellschaften auf eine spannende Reise mitnehmen und eben nicht alle Werte verlieren. Auch wenn man uns das gerne nachsagt. Im Gegenteil – wir behalten nicht nur viele, sondern wir kreieren sogar neue Werte hinzu. Auch für unsere sensationelle Network-Branche.

Werte haben Bestand, werden niemals altmodisch, sind niemals „out" oder sind nicht mehr anwendbar. Das gilt auch, wenn sich die Zeiten ändern, wenn sich die Gesellschaft ändert, wenn der Zeitgeist andere Akzente setzt. Gutes Benehmen, gute Umgangsformen, Höflichkeit, Freundlichkeit sind doch beispielsweise vor 100 Jahren ebenso als Wert angesagt gewesen wie heute. Vielleicht ändert sich der Ausdruck des Wertes, aber er selber bleibt. Hat man früher als Mann eine tiefe Verbeugung jemand anderem gegenüber bei der Begrüßung gezeigt, einen sogenannten „Diener" gemacht, oder machten jungen Frauen einen „Knicks", sagt man heute locker „Hallo". Der Wert also bleibt, nur das Handling ändert sich.

Wir, als die „Young Generation“, sind in Friedenszeiten geboren und herangewachsen. Wunderbar. Dafür könnten und sollten wir wirklich dankbar sein. Wir hatten und haben eigentlich alles, was wir wollen und brauchen. Wohlstand und Überfluss war und ist „unser täglich Brot“. Ein Smartphone ist für uns mittlerweile das Normalste von der Welt. Fast jeder hat eins heutzutage. Laut aktuellen Statistiken gibt es in Deutschland derzeit knapp 60 Millionen laufende Handyverträge. Wenn wir also in unserem Land rund 80 Millionen Einwohner haben und ziehen mal Babys und Kleinstkinder ab, die noch kein Handy haben oder brauchen (fragt sich nur wie lange noch?), dann können wir doch behaupten, dass alle ab dem Kindesalter aufwärts ein Mobilphone besitzen und nutzen, oder? Und unter denen gibt es sogar Leute, die damit auch noch telefonieren. Wir jungen Leute aber verbinden uns über das Smartphone mit der ganzen Welt. Das ist der große Unterschied zur älteren Generation. Ein Klick genügt, und schon spreche oder chatte ich mit einem Freund in Amerika – den ich vielleicht sogar auch durch einen Kanal im Internet kennengelernt habe. Und wenn ich schon mit ihm spreche, kann ich auch gleich Geschäfte mit ihm machen. Das bedeutet, ich habe nicht nur die Option mich im World Wide Web aufzuhalten, sondern ich nutze auch alle Optionen, die mir das Internet bietet. Warum? Weil ich es kann! Yes, und weil es für unser Network-Marketing-Business die hammermäßige Chance bietet, locker über unsere Grenzen hinauszugehen. Wer sagt denn, dass wir nur in unserer Stadt aktiv sein können? Durch die „www-Magie“ gehört uns doch die ganze Welt. Überlegt nur mal, was das für Chancen sind! Unzählige, um andere für unsere Produkte oder für unser Business zu begeistern – oder sogar beides.

Natürlich bin ich in gewisser Weise mit und im Internet aufgewachsen. So wie viele von Euch – und deswegen dürfen wir uns ja auch „Digital Natives" nennen und nicht „Analog Strangers". Im Netz bin ich sogar ein Stück weit auch zuhause. Globalisierung ist für mich nichts Gefährliches, sondern im Gegenteil vielmehr ein Stück Normalität, eine wertvolle Chance. Und weil das so ist, habe ich auch mein Smartphone immer und überall dabei. Eben weil es mich mit der ganzen Welt verbindet und mir weltweit Möglichkeiten bietet – zu jeder Tages- und Nachtzeit, immer und überall, wo ich auch gerade stehe, gehe und bin. Ich bin als „Digital Native" immer und überall erreichbar, und zugleich weiß ich, was in der Welt los ist, weil zumindest ein Auge immer auf das Display meines Handys gerichtet ist. „Mit der Welt verbunden zu sein", das ist keine überflüssige, unnütze Zeitverschwendung, wie man uns immer gern nachsagen möchte. Nein, das ist permanentes Informieren, stets up-to-date sein. Bei uns schlägt der Puls der Zeit im „Prozessor inside". Dabei sind wir in beiden Welten gleichzeitig zuhause und zielstrebig unterwegs – in der analogen wie auch in der digitalen. Denn die analoge ist uns keinesfalls fremd. Wir sind mit Vollgas offline und zugleich online. Wir jungen Leute, die von so manchem immer noch von oben herab gern als unreif und verspielt dargestellt werden, sind somit fast schon automatisch multitaskingfähig. Das, was man angeblich immer nur Frauen nachsagt, hat sich bei uns „Digital Natives" als Fähigkeit entwickelt. Eigentlich sind wir der ideale Beweis für gelungene, positive Evolution – denn wir haben neue Skills verinnerlicht, diese immer weiter ausgebildet, wir perfektionieren sie zunehmend und passen uns damit der modernen Umwelt an.

Ich kann mir fast gar nicht vorstellen, wie die Welt und unser Business einst war – ohne Internet, ohne soziale Medien, ohne Handy. Mir hat einmal ein älterer Business-Partner erzählt, wie das war, als er früher noch ohne Mobilephone nach einem Unfall dringend Hilfe benötigte. Krass – und erschreckend zugleich. Mit einem Smartphone wäre die Situation so viel einfacher zu bewältigen gewesen. Aus der Hosentasche rausholen, Nummer wählen, Hilfe rufen, Rettung kommt – eine kurze Aktionskette und alles in kürzester Zeit. Er aber musste damals erst einmal eine Telefonzelle suchen. Ja richtig, eine Telefonzelle. Sowas gibt es heute kaum noch. Als er endlich eine gefunden hatte – und das allein schon kostete viel wertvolle Zeit, weil er ja nicht wusste, wo so eine Zelle stand, denn er konnte ja nicht mal eben aufs Handy gucken und den nächsten Standort googeln – war die Zelle defekt. Merkt Ihr was? So ein Smartphone ist doch wirklich wertvoll und heutzutage unverzichtbar? Ich liebe unsere heutige, moderne Welt – trotz allem, was wir noch verbessern müssen; keine Frage, das ist mir wohl bewusst. Und nun überlegt mal, wie sehr das unserem schnellen Business zugutekommt. Wir müssen nicht extra ins Büro fahren, oder sind zu Hause ans Telefon gefesselt. Wir können unser Geschäft immer und überall machen – dem Smartphone sei Dank. Keine Grenzen, keine Limits – und das geht nur im Network-Marketing.

Wenn ich dann aber höre, dass wir heutzutage durch die ständige Erreichbarkeit angeblich in hektischen Zeiten leben, wundere ich mich doch schon sehr. Also ich glaube in der Not eine Telefonzelle zu suchen, von der man nicht weiß, wo sie ist und von der man nicht weiß, ob sie überhaupt funktioniert, da kommt doch wohl mehr Hektik auf, als wenn ich mein Mobilephone zücke und alles auf einen Schlag erledigen kann. Apropos – als ein Mitglied der „Generation Y" kann ich eben vieles gleichzeitig erledigen und mich auch auf mehrere Dinge konzentrieren. Ich kann auf Instagram, Facebook, Twitter, Snapchat sein oder Geschäfte machen und mich dennoch privat austauschen. Ich kann mich dabei informieren und zugleich Angebote rausgeben – weltweit. Dabei baue ich mir über diese Kanäle eine eigene Gemeinschaft und Follower auf, alles Leute, mit denen ich zu tun haben möchte. Also ich suche mir die Leute aus und muss nicht eine Community akzeptieren, die ich nicht will. Ja wie klasse ist das denn? Und ich bestimme dann auch noch, mit wem ich Geschäfte mache und mit wem nicht. Dabei steht mir die ganze Welt zur Verfügung. Das ist ein derart gigantisches Potenzial, was man da nutzen kann, dass einem fast schwindelig werden könnte. Hallo, liebe reifere Leute da draußen – bemerkt Ihr jetzt, warum es so wichtig ist, dass wir jungen Internetfreaks immer der optimalen Netzverbindung hinterherlaufen? Das hat nichts mit Sucht, Faulheit oder stetigem Spieltrieb zu tun. Nein, ohne Internet sind wir von der Welt und unserem Biz abgeschnitten und zumindest von 50 Prozent unserer Aktivitätsmöglichkeiten, wenn wir eben nur offline sein können, statt auch online verbunden zu sein. Wir wollen nämlich unser ganzes Potential ausschöpfen und nicht nur mit Standgas und dem Fuß zusätzlich noch auf der Bremse langsam vorwärts rollen.

Eines habe ich in unserem Team im Network-Business erkannt: Die moderne Welt des Internets bietet allen Nutzern eine grenzenlose Freiheit und ebenso grenzenlose Möglichkeiten – aber das dadurch vorhandene Potential müssen wir auch sinnvoll, effektiv und mit kluger Strategie nutzen!

3.2. Krasse Kontraste – der Weg zum Network-Marketing

Viele werden sicherlich jetzt denken: Na, bei dem hat der Papi ja wohl ordentlich mitgeholfen, dass auch Sohnemann Nummer 2 mit ins Geschäft kommt. Von wegen. Da muss ich Euch enttäuschen. Das war meine Entscheidung – ganz allein. Denn ich hatte einerseits andere Beweggründe, hatte andererseits viele andere Alternativen, und habe mich viel mehr bewusst für unser Network-Biz entschieden. Auch, weil ich ein „Digital Native" bin und die neuen Arbeitsstrukturen der digitalen Welt in meiner jetzigen Branche angekommen sind, umsetzbar sind und von jedem einzelnen noch modifiziert und optimiert werden können. Ganz so, wie man es individuell braucht und für optimale Ergebnisse benötigt. Ist das gut oder sogar extrem gut?

Insofern bin ich mit voller Überzeugung und aus eigenem Antrieb in die innovativste, aufregendste Branche der Welt gekommen, und die heißt für mich: Network-Marketing. Ich weiß noch ganz genau, wie es bei mir „Klick" gemacht hat: Damals bin ich nach Berlin zum Studieren gegangen und wollte nicht von meinen Eltern komplett „gepudert" werden. Ich wollte mich abnabeln, unabhängiger sein und mir vor allem nicht nachsagen lassen, dass ich es ja ganz leicht hätte, weil meine Eltern ja alles für mich zahlen würden. Und darum nahm ich mir vor, ein paar hundert Euro zusätzlich zu verdienen. So eine Geldsumme fühlt sich für einen frischen Studenten ja schon fast an wie finanzielle Freiheit. Damit war der erste Schritt im Kopf getan. Der Beschluss selber Geld zu verdienen war die erste Intention in meinem heutigen Turbo-Business. Darüber hinaus hatte ich das große Glück, dass in Berlin regelmäßig Meetings von befreundeten Sideline-Partnern unserer Partner-Company stattfanden, die ich besucht und die mich auch wirklich angezündet haben. Ich wagte zaghaft die ersten Schritte rein ins Abenteuer Network-Marketing. Damit war es zu diesem Zeitpunkt aber auch erst gerade einmal ein Nebenjob, der mir jedoch immerhin ein bisschen selbstverdientes Geld einbrachte.

Was mich aber letztendlich wirklich begeistert hat, wodurch ich dann auch zu dem endgültigen Entschluss kam, dass ich nur noch in dieser phänomenalen Branche aktiv sein will und das mit voller Kraft, war, als ich nach meinem Job aus New York zurückkam.

Aber der Reihe nach, denn bis es soweit war, sind noch einige Dinge passiert, die vieles in mir bewirkt haben und mich zum Nachdenken brachten – und Euch vielleicht auch: Ich glaube, es geht vielen jungen Leuten so, dass sie zuerst einmal etwas machen möchten, was sich von dem, was die Eltern beruflich tun, komplett unterscheidet. Als ich dann mein Studium und meine Jobs innerhalb des Studiums machte, habe ich fast unfreiwillig immer die Vergleiche gezogen, mit dem was ich von zu Hause kannte. Das ist ein Automatismus, gegen den man sich gar nicht wehren kann. Mein Vater war auch in jungen Jahren schon finanziell unabhängig. Er hat sehr oft Zeit zuhause – und damit auch mit uns Kindern bzw. mit der ganzen Familie – verbracht. Und ja, es ging uns als Familie wirklich gut. Wir hatten ein tolles

Zuhause, genügend Geld, schicke Autos, machten immer Urlaub und mein Vater war eben oft bei uns. Er musste nicht wie andere morgens um 8 Uhr antreten und kam dann müde und genervt abends nach Feierabend nach Hause.

Aber überall, wo ich bis dahin selber in die Arbeitswelt reingeschnuppert hatte, sah das komplett anders aus. Ich war irgendwie richtig geschockt oder frustriert und habe darum die Menschen, die in Positionen über mir gearbeitet haben, regelrecht analysiert. Warum die Oberen? Na sicher, weil für mich immer klar war, ich werde einer von den oberen Leuten sein. Das war mein auserkorenes Ziel. Aber als ich diese Führungskräfte in den Unternehmen, wo ich im Rahmen meines Studiums tätig war, gesehen und erlebt habe, wurde mir bewusst, dass die Realität im Vergleich mit dem Berufsleben innerhalb der Network-Branche total anders aussah. Und ich wurde plötzlich nervös, weil alles, was ich mir vorgenommen hatte, auf einmal gar nicht mehr mein echtes Ziel war. Ich wurde mit der Zeit wirklich mehr und mehr desillusioniert. Warum? Weil ich sah, wie die Wirklichkeit war, wie die „normale Arbeitswelt" tickt und wie es dort abläuft. Die Führungskräfte, die ich beobachtete, die hatten nämlich so gut wie nie Zeit für ihre Familien. Im Gegenteil, die opferten sogar ihr wohlverdientes Wochenende. Die gaben quasi ihr Leben für die Arbeit her. Sie waren stets zeitgebunden, hatten einen ungeheuren Stress. Sicher, das Unternehmen in New York, wo mir das besonders auffiel, war gerade im Übergang von Start-up zum Global Player, und es gab daher auch sehr viel zu tun. Aber bei dem Vergleich mit der Arbeitsweise im Network-Marketing, wo Freiheit ganz oben auf der Liste steht, wurde mir von Tag zu Tag immer deutlicher klar, dass ich etwas ändern muss. Dieses Spiel war nicht mein Spiel. Da wollte ich kein Teil von werden.

Und noch ein Faktor fiel mir auf: Diejenigen, die ich aus der Network-Branche kenne, die waren bei anderen unglaublich beliebt, die kamen super rüber und bestens bei anderen an. Der Grund ist so simpel wie einleuchtend: Weil sie nämlich mit ihrer Arbeit sehr vielen Menschen helfen und darüber hinaus selber auch immer gut drauf sind, stets gute Laune verbreiten und andere mit ihrem Optimismus und der positiven Einstellung anstecken. Herrlich: aus beruflichen Gründen gut drauf sein. Wo bitte gibt es das außer in dieser überragenden Network-Branche? Das wäre aber in einem üblichen Unternehmen, solche, die ich kennengelernt habe, gar nicht möglich. Undenkbar! Da würden all die positiven, die guten und wertvollen Faktoren in kürzester Zeit auf der Strecke bleiben und elendig verkümmern. Heute kann ich sagen: In der Summe der genannten Faktoren habe ich so ein Arbeiten wie bei in meiner aktuellen Partner-Company noch nirgends woanders gefunden oder kennengelernt. Daher steht fest: Wir machen als Team und Unternehmen hier eine ganze Menge richtig. Das zeigt sich zudem auch darin, dass man in unserem einzigartigen Network-System Karriere macht, wenn man als Team miteinander arbeitet. Hier gewinnt die Gruppendynamik. Und in der herkömmlichen Arbeitswelt gilt das komplette Gegenteil: Da kann man sich eigentlich nur den Weg nach oben frei boxen. Ellenbogen raus, Härte zeigen und andere gegeneinander ausspielen. Ich sag nur: Von wegen da herrscht „prima Klima"! Wo würdet Ihr darum lieber aktiv sein? Ich denke, die Antwort ist klar wie Kloßbrühe ...

Und zu guter Letzt kommt noch ein weiterer Baustein hinzu, der mich motiviert und sehr stark antreibt: nämlich das Thema Selbstverwirklichung. In großen Unternehmen ist es doch so, dass man komplett eingeschränkt wird, und nur das machen darf, was einem vorgegeben oder gar befohlen wird. Bei meiner Partner-Company entscheide ich allein, ob ich links oder rechts fahre und auch wie schnell. Im Network Marketing kann ich selbst bestimmen. Denn ich bin auch selbst für mich und für alles, was ich tue, verantwortlich – für die Siege und auch mal für eine Niederlage. Das ist es, was mir gefällt und was mich begeistert.

Ich empfinde es als äußerst angenehmen, dass ich zwar selbstständig arbeite, aber doch von einem tragenden Teamspirit umgeben bin. Ich habe in großen Unternehmen gesehen, wie sehr andere Kollegen ihren Vorgesetzten hinterher gekrochen sind, nur um etwas mehr um Anerkennung zu betteln. Wenn man aber im Network-Marketing tätig ist, dann fällt einem dieser Umstand derart schwer auf, dass man fast gar nicht anders kann, als sich auch für dieses Geschäftsmodell zu entscheiden. Außerdem geht es in unserer Branche nicht um den einzelnen, sondern um das ganze Team. Es geht darum, gemeinsam Erfolge zu erringen und gemeinsam nach vorne zu kommen. Das setzt immer wieder ungeahnte, neue Kräfte frei. Und wir aus der Young Generation sind echte Teamworker. Teamarbeit und Teamspirit, das Miteinander im Team und das ausarbeiten von Ergebnissen und Prozessen im Team – all das haben wir von der Grundschule auf gelernt.

3.3. Arbeiten im Morgen, Stagnieren im Heute

Vielleicht glaubt Ihr jetzt, dass ich etwas übertreibe, dass ich die übliche Arbeitswelt draußen viel zu negativ darstelle, dass ich hier Schwarzmalerei betreibe. Und vielleicht denkt Ihr, dass ich die Network-Branche viel zu sehr durch die rosarote Brille sehe. Nein, glaubt mir, das tu' ich eben nicht. Ich habe beides erlebt und gesehen und glaube schon, dass ich das beurteilen kann. Und wenn ich dann bedenke, was noch alles auf uns in der herkömmlichen Arbeitswelt zukommen wird, was sich dort alles verändern wird, was für Umbrüche sich andeuten, dann ist die Zeit erst recht reif für eine neue Denke, für neue Arbeitswege, Methoden, Lebenskonzepte – für unser aufregendes Empfehlungs-Geschäft. Denn die Zukunft, die heute schon begonnen hat, wird eine Menge revolutionieren. Vieles wird so sein, dass wir Strukturen nicht mehr wiedererkennen werden, weil die Welt da draußen plötzlich eine andere geworden ist.

Wir befinden uns gerade in der sogenannten Ära von IoT – „Internet of Thing"s. Damit sind Technologien unserer globalen Infrastruktur der Informationsgesellschaften gemeint. Es wird sich vieles im Zuge der Digitalisierung einfach ändern. Das ist zwar gut für die IT-Branche und für Berufe, die mit Daten arbeiten, aber die einfachen Arbeiten und die normalen Jobs fallen zunehmend weg. Gehen wir beispielsweise einmal in das Fitnessstudio und betrachten einmal einen Personal-Trainer und seine Tätigkeit etwas genauer. Die verdienen ohnehin schon ziemlich mies. Schauen wir uns bestimmte Fitnessketten an, dann gibt es in diesen Studios solche Trainer gar nicht mehr. Dort laufen meistens schon digitalisierte Trainingseinheiten an LED-Bildschirmen. Das lässt sich auch auf andere Branchen übertragen. Die Menschen und ihre Jobs werden überflüssig gemacht – nicht nur weil das modern ist, sondern weil man so sehr viel Geld und viele Nebenkosten sparen kann. Man braucht keine bindenden Verträge mehr, geht Rechtsstreitigkeiten aus dem Weg, muss keine Krankentage mehr bezahlen, keine Schwangerschaften und keine Sozialabgaben, dementsprechend auch kein Gehalt – nicht einmal ein kleines, ein mickriges. Denn ein Programm und ein Monitor kosten einmal Geld in der Anschaffung, dazu höchstens noch ein bisschen Wartung und das war es dann.

Ich habe im Rahmen meines Betriebswirtschaftsstudiums zum Beispiel an einer Studie von Daimler-Benz mitgearbeitet. Dabei haben wir festgestellt, dass der Autosektor sich komplett verwandeln wird. Das betrifft sowohl die Fertigung als auch die Zuliefererbetriebe. Dazu müssen die Verkäufer neu geschult werden, wenn es überhaupt noch Verkäufer geben wird. Wahrscheinlich gibt es eher ein iPad-Display, so wie wir das jetzt schon von Mc-Donald's bei der Bestellung kennen. Oder schauen wir uns den Lebensmittelsektor an. Amazon hat im Januar 2018 den ersten Amazon-Go-Shop in Seattle eröffnet, der komplett mit Sensorik ausgestattet worden ist. Das bedeutet, man verbindet seine Kreditkarte mit Amazon Go, man geht durch eine Art riesigen digitalisierten Schrank. Die Sensorik erkennt dabei beispielsweise, dass man sich ein Pfund Butter aus dem Kühlregal nimmt. Und schon wird der fällige Betrag direkt von der Kreditkarte abgezogen. Das bedeutet, Kassierer werden nicht mehr benötigt, und die Auffüllarbeiten werden ebenso automatisch geleistet. Man kann das als begrüßenswerten Fortschritt loben, oder einfach nur erschreckend finden – wahrscheinlich haben sogar beide Seiten recht. Aber dieser Trend zieht sich aktuell durch alle Branchen hindurch. Und was sich zu Beginn als unendlich spannend, positiv, ja futuristisch und nach Vereinfachung anhört, entpuppt sich mehr und mehr als ein reiner Job-Killer. Denn durch den Wegfall der Jobs, werden Menschen überflüssig gemacht. Kommt das autonome Autofahren, braucht man sowohl keine Taxifahrer als auch keine Bus- oder Lastwagenfahrer mehr. Anderes Beispiel: Bankkaufleute wird es meines Erachtens in naher Zukunft einfach nicht mehr geben. Warum auch? Wenn ein Kunde kommt, um einen Kredit bei einer Bank aufzunehmen, kann er all die Informationen, die heute ein Bankberater abfragt, direkt im Internet oder in eine App eingeben. Und das auch noch viel bequemer von zu Hause aus. Eine App ersetzt damit einen Banker. Sie kann einem genau sagen, wieviel Zinsen man für eine bestimmte Anlage bekommt, oder wie viel Zinsen man für einen Kredit zu zahlen hat. Und auch die Bewilligung dieses Kredits läuft so rein technisch-automatisch ab, wenn die vorher festgelegten Kreditkriterien erfüllt sind. Warum soll das dann noch ein Mensch abnicken? Damit ist ein Bankkaufmann sehr bald schlicht und einfach überflüssig. Und man spürt es heute schon: Immer mehr Bankfilialen schließen.

Mein ursprünglicher Berufstraum war es einmal Investmentbanker zu werden. Und warum bin ich das nicht geworden? Das kann ich Euch gerne sagen: Ich bin an einem Ostermontag in New York durch die berühmte Wall Street gegangen. Da, wo Geld regelrecht gemacht wird. Alle Häuser dort waren voll mit Menschen, alle in Schlips und Kragen gestylt, alle in Action mit dem Telefon am Ohr. Man, haben die da geackert und sich ins Zeug gelegt. Das war der erste Punkt, der mich mehr als nachdenklich stimmte. Und der zweite Gedanke, der mir kam: Im Bereich Investmentbanking werden gerade Jobs massenweise gestrichen, weil sie durch die Digitalisierung überflüssig werden. Und daher sehe ich für diesen Beruf gar keine Zukunft mehr. Aber beim Network-Marketing geht es nicht ohne Menschen. Diese Branche wird durch Menschen überhaupt erst lebendig, wir sind das Blut in den Adern des Systems. Und genau das ist es, was für die Zukunft dieser Industrie spricht.

MERKE:
Wir Networker haben nicht nur eine Zukunft, wir sind die Zukunft. Denn ohne Menschen kein Network-Marketing!

Wer jetzt aber denkt – und unsere Politiker versuchen uns ja ständig diese Halbwahrheit aufzutischen –, dass durch die enorm voranschreitende Digitalisierung viele neue und vor allem andere Jobs entstehen, der irrt sich meines Erachtens. Ich glaube nämlich nicht, dass genauso viele digitale Jobs in der sogenannten Neuen Welt entstehen wie gleichzeitig wegfallen. Denn auch bei den neuen Jobs sind ja schon Einsparungen bei den „Human Ressources“ zu bemerken. Allein dieses Wort ist schon menschenverachtend.

Eines ist sicher: Hochqualifizierte Fachkräfte werden künftig immer mehr gebraucht. Keine Frage. Aber Jobs für Menschen mit geringerer Bildung und weniger Leistungsvermögen werden sukzessiv weniger gebraucht und zu guter Letzt werden sie gar nicht mehr benötigt. Und auch das ist noch ein weiterer Grund, der Network-Marketing so wertvoll macht:

- Wir geben ausnahmslos allen Menschen in unserer überragenden Branche eine Chance!
- Wir geben ihnen Möglichkeiten an die Hand, sich aktiv einzubringen!
- Wir geben Menschen eine Perspektive für die Zukunft!
- Wir geben Menschen die Gewissheit, dass jeder einzelne und das Team in Verbindung mit der modernen Technik zählt und seinen Wert hat.

3.4. Partnergewinnung – die Taktik entscheidet

Trotz der Aussichten in der Zukunft, ist es aber noch lange nicht so, dass uns Kandidaten für unsere Opportunities die Tür einrennen. Warum aber? Viele erkennen ihre Chancen nicht, nicht einmal, wenn man sie mit der Nase draufstößt. Vielleicht auch, weil viele junge Leute immer noch in alten Denkmustern verhaftet sind, die sie aus dem Elternhaus her kennen. Oder weil ihnen eingetrichtert worden ist, was man tut und was nicht bzw. welchen Weg man zu gehen hat und welchen nicht. „Man" steht dabei für „was bisher im Allgemeinen üblich war" oder wie die Eltern entschieden hätten. Sicher, vieles, was Eltern ihren Kindern raten, ist wertvoll und basiert auf Erfahrungswerten. Aber so manche Regel ist eben auch überholt, stammt aus vergangenen Zeiten und passt heute nicht mehr wie früher als Schablone auf aktuelle Umstände. Ganz besonders betrifft dies das Thema Sicherheit.

Viele Deutsche, und da sind auch junge Menschen oftmals nicht anders, haben immer noch ein enorm ausgeprägtes Sicherheitsdenken, was sie aber wiederum einengt und ihnen viele Möglichkeiten und Chancen nimmt. Es behindert sie auch, über den üblichen Horizont hinauszublicken.

Spricht man mit dem Durchschnittsbürger, kann der maximal temporär von Montag bis Freitag denken, aber nicht was in 20 Jahren sein wird. Das haben wissenschaftliche Untersuchungen bestätigt. Die meisten kommen doch schon ins Grübeln, wenn man sie fragt, was sie in ein, zwei oder drei Jahren erreicht haben wollen. Deswegen bin ich auch ein wenig vorsichtig, den jungen Bewerbern geradeaus zu erzählen, wie es in der Arbeitswelt von morgen aussehen wird. Ich will ihnen ja keine Angst machen. Sie sollen ja nicht abgeschreckt werden und sofort Angst bekommen, dass sie morgen in einer komplett technisierten und digitalisierten Welt wohnen werden. Ich frage sie daher viel lieber, wie es momentan in ihrer Branche aussieht und was sie glauben, wie sich ihr Job, ihre Firma und vielleicht auch ihre Branche in den nächsten Jahren entwickeln wird. Dabei kann ich den technologischen Fortschritt durchaus ruhig einmal ansprechen. Wichtig ist aber, dass ein Kandidat im Gespräch selbst darauf kommt, was mit seinem Job passieren kann. So erkennt er, dass er bei mir, in meinem Arbeitsgebiet eine Zukunft haben könnte und damit ebenfalls auf Sicherheit setzt. So habe ich es erreicht, dass in meinem Team rund 60 bis 70 Prozent junge Leute aktiv mitarbeiten und der Rest gehört der reiferen Jugend an. Für mich ist das eine ideale Mixtur.

MERKE:
Network-Marketing bietet neben der Zukunft auch noch Sicherheit. Denn nur wo Zukunft ist, kann auch Sicherheit sein!

3.5. Online und offline – jeder wie er mag und kann

Niemand muss sich in der überwältigenden Welt unserer Branche für den einen oder anderen Weg entscheiden. Wer einen Hang zum Internet und zu den Sozialen Medien hat, der kann sich hier perfekt austoben und ausleben. Wer hingegen lieber den klassischen analogen Weg von Mensch zu Mensch bevorzugt, der ist ebenso willkommen. Kann sich jemand nicht entscheiden? Nicht schlimm, umso besser: Dann darf gemixt werden und es ergibt sich „das Beste aus beiden Welten". Kein Weg ist richtig oder falsch, sondern das Ergebnis und der Erfolg zählen.

Der Großteil unseres Teams hat sich von Beginn an für die digitale Variante entschieden. Klar, als „Digital Native" liegt das bei den jungen Leuten schon sehr nahe. Unser wichtigstes Werkzeug dabei: Wir nutzen Facebook & Instagram. Dazu haben wir jeden Tag einen Post gemacht und haben wirklich jeden angeschrieben, der in unserer Freundeslisten stand. Das war genau mein Ding. Vielleicht habe ich mich auch zu diesem Weg entschieden, weil ich damals noch nicht so gern telefonieren mochte. Ok, eventuell war ich auch etwas „telefon-scheu". Darum habe ich schlicht und einfach jeden und alle online kontaktiert. Wenn ich aber mal telefoniert habe, dann habe ich das Gespräch immer sehr kurz gehalten, indem ich direkt auf das Thema eingestiegen bin, weil ich ohnehin ein eher direkter Typ bin. Kurzer Smalltalk und dann peng – ohne Umschweife voll direkt auf den Punkt. Merkwürdigerweise habe ich es damals gar nicht so realisiert, dass doch verhältnismäßig viele Leute „Nein" zu mir gesagt haben. Okay, zugegeben, ich habe damals zwar auch nicht umsatzmäßig die Welt bewegt, aber ich habe immerhin das erreicht, was ich auch erreichen wollte. Also: Ziel geschafft! Aber nach vier Monaten hatte ich paar hundert Euro Einkommen. Und das war ungefähr das Vierfache von dem, was ich mir vorgenommen hatte. Denn wie anfangs berichtet: Ich wollte lediglich ein paar Euro dazuverdienen, um meinen Eltern nicht voll auf der Tasche zu liegen.

Und jetzt der Knüller: Unsere Branche ist so abgefahren, da verdient man sogar noch gutes Geld, wenn man nicht gleich der Ober-Experte vor dem Herrn ist. Klar, keine Frage, Ausbildung muss sein, Dazulernen ist wichtig und macht unser Giga-Geschäft noch gigantischer. Aber auch zu Beginn ist schon gut was drin und machbar. Wo sonst ist das noch machbar, wenn man sich – manchmal auch gezwungenermaßen – zu Anfang noch ein bisschen durchwurschtelt. Wie heißt es so schön: Aller Anfang ist schwer! Aber nicht beim Networken! Da geht's gleich heftig los und dann raketenmäßig weiter ab!

Ein weiterer Grund für das eher kleine, bescheidene Resultat lag darin begründet, dass ich mir fest vorgenommen hatte, mein Geschäft für mich alleine aufzubauen. Ich wollte mir von meinem Vater schlicht und einfach nicht helfen lassen, und war daher auch wirklich nicht gerade sehr empfänglich für seine eigentlich wertvollen Tipps. Wenn ich an die Anfänge zurückdenke, wie wir das Geschäft aufgebaut haben, ist das schon recht spannend. Mit viel Aufbruchstimmung haben wir bis in die Nacht telefoniert, geschrieben, Posts verschickt, haben mehr Teamleader gespielt, als dass wir die Rolle wirklich ausgefüllt haben. Aber es fühlte sich mega an. Doch im Grunde haben wir gleichzeitig so ziemlich alles falsch gemacht, was man nur falsch machen konnte. Dennoch: Wir haben die ersten Meetings durchgeführt. Mal waren 15 Leute und mal 40 Leute da. Und ich habe als Sprecher auf der Bühne bzw. vor den Anwesenden sicherlich nicht die beste Figur abgegeben. Und das ist noch wirklich nett ausgedrückt. Aber ich habe es einfach gemacht, einfach drauflos, quasi mit dem Kopf voran ins kalte Wasser. Getrost dem Motto: Während die Schlauen noch beratschlagt haben, haben die Dummen schon die Burg gestürmt. Ich bezeichne mich zwar nicht als dumm, aber ich habe einfach drauflos gemacht. Volle Pulle vorwärts.

Tja, so mancher wird wohl staunen und sich denken: Wie? Ein studierter Networker? Sowas gibt's? Aber hallo, na klar, und es werden immer mehr. Wenn man den werten Studenten klar macht, was sie hier für zig Vorteile haben, dann macht es auch bei denen „Klick" im Oberstübchen. Ich sag' ja nicht, dass es leicht ist, aber es geht. Ich habe nämlich tatsächlich auch ein paar Studenten von meinem doch so fabelhaften Geschäft überzeugen können. Deren Problem ist es allerdings, dass sie alle so gern kompliziert denken und dabei oftmals eine gute Chance gar nicht mehr wirklich erkennen. Die sehen immer die Schwierigkeiten, aber selten die tollen Möglichkeiten. Unfassbar: Als Absagegrund für mein Angebot wurde gern das BaföG genommen. Sie befürchteten, dass sie nicht mehr den Höchstsatz erhalten oder gar kein BaföG mehr bekommen würden, wenn sie entsprechend dazuverdienen. Aber hallo, das ist ja auch mal eine echt ziemlich krumme Logik.

Ich versuchte ihnen dann immer deutlich zu machen, was alles wirklich bei uns möglich und machbar sei, und das viel mehr gehen würde als nur der BaföG-Höchstsatz. Vor allem müssen Studenten das BaföG ja größtenteils zurückzahlen. Das vergessen die immer wieder gern. Da wäre es doch viel schöner, wenn man sich jetzt schon etwas aufbauen würde. Vor allem würde ein Student es auf diesem Wege ja auch schaffen, dass er während des Studiums gar nicht mehr auf BaföG angewiesen wäre, anstatt zunehmend in eine erste Schuldenfalle zu schliddern. Was bitte ist denn das für ein Start in das Berufsleben. Das muss man sich mal vorstellen. Frisch raus aus der Uni, rein in den ersten Job als kleiner Angestellter. Und wenn es ganz dumm läuft, dann ist man ja erst einmal Azubi. Und das wiederum heißt? Genau: Mickriges Lehrlingsgehalt auf der einen Seite und dem stehen schon mal fette BaföG-Schulden gegenüber. Freiheit ade, Schulden tun weh! Viel Spaß beim Abzahlen, sag ich da nur. Da bietet ja wohl unser gewinnbringendes Net-Biz ganz andere Startchancen – ganz ohne Schulden! Mit Empfehlungsmarketing erreicht man doch viel schneller einen hohen Grad an Freiheit. Aber das ging und geht leider in viele Köpfe nicht rein.

Insofern: Mein Team setzt sich aus einer gesunden, guten Mischung zusammen. Manche jünger, mancher etwas älter und dabei eine Mixtur aus allen Berufs- und Bildungsschichten. Insofern kann ich jungen Studenten – aber auch den Akademikern – hier an dieser Stelle nur zurufen: „Bei uns ist noch Platz für

Euch. Wer Lust auf Karriere, auf Teamwork, auf ein gutes Miteinander hat, wer auf die Zukunft setzt und bereit ist, sich einer neuen, und ebenso spannenden Herausforderung zu stellen, der soll sich gerne bei mir melden. Denn gute Bildung, wie Ihr sie sicherlich habt, die stört nicht, die hilft in allen Belangen – Euch und uns ebenso! Also, nur Mut und zeigt, dass Ihr begriffen habt, wo der Hase in der Businesswelt längs hoppelt.

Das gilt im Übrigen auch für die etwas reiferen Junggebliebenen. Einfach noch einmal auf die Reset-Taste drücken oder auf die Überholspur im Leben wechseln und noch einmal die Chance Network-Marketing am Schopfe packen, um neue Gipfel zu erstürmen. Diese jungen Älteren – also die im Kopf topfit und jung geblieben sind – sehen für sich als Gruppe zu Recht noch gute Möglichkeiten, sich in unserem Geschäft noch einmal selbst verwirklichen zu können. Das ist ohnehin ein Trend, den ich gerade spüre. Nämlich, dass es viele ältere Leute gibt, die noch mal eine zweite Chance ergreifen und entsprechend angreifen. Die haben ihr Leben lang für eine Firma gearbeitet, geackert und gebuckelt und spüren nun erstmalig den herrlich erfrischenden Hauch der Freiheit, indem sie für sich selbst etwas tun und sich selbst ein Geschäft aufbauen. Früher haben sie für ihre alte Firma gelebt, jetzt hingegen genießen Sie den Teamspirit in unserem Unternehmen – und leben für sich statt für andere.

3.6. Chancen verteilen – Gelegenheiten ergreifen

Das Zusammenspiel aus der „Young Generation“ und den in der Berufswelt Erfahrenen ist etwas sehr Wertvolles. So wird eine gewisse Art von Balance gehalten. Die einen setzen Trends, die anderen springen auf den fahrenden Zug mit auf. Das ist ein Wechselspiel in beiden Richtungen. So sind die Jungen auf ihrem bisherigen Weg zum Erfolg oder in ihrer bisherigen Arbeitswelt noch nicht in der Hierarchie weit fortgeschritten. Deswegen ist es für einen jungen Menschen erheblich einfacher dort wieder rauszukommen und umzudenken. Das fällt einem Älteren schwerer, weil er sich denkt: „Das ging gestern so, dann muss es doch heute auch funktionieren!“ Zudem setzt sich der Alltagstrott zunehmend mit den Jahren mehr und mehr im Kopf fest. Es ist schwer dann den Schalter im Kopf umzulegen. Ich glaube aber auch, dass der moderne Umschwung, der aktuelle Lifestyle den Jungen insofern mehr gelegen ist, weil sie ihn aktiver leben und erleben.

Heutzutage ist beispielsweise **Zeit der wertvollste Faktor** geworden. Deswegen ist Zeit jungen Leuten auch sehr wichtig. Sie wollen selbst bestimmen können, wollen ihre Zeit selber einteilen und selber entscheiden, wie sie den Tag gestalten. Darum müssen sie ja nicht weniger arbeiten als ältere Menschen, aber sie flüchten zunehmend aus diesem alten Schema der starren Arbeitszeiten. Eigentlich geht es doch vor allem darum, die anstehenden Arbeiten zu erledigen. Wer um 9 Uhr morgens noch nicht die richtige Idee hat, hat sie vielleicht abends um 17 Uhr. Wer weiß das schon? Daher fragen sich immer mehr Youngster, warum sie fünf Tage in der Woche in einem Büro absitzen sollen. Vieles ließe sich doch auch von zuhause aus erledigen. Ältere Frauen und Männer haben da noch eine ganz andere Mentalität. Sie betrachten es als Pflichterfüllung, pünktlich im Büro – am liebsten vor den Augen des Chefs – ihre Arbeit zu erledigen.

Das ist clever und effizient gedacht. Tja, großes Staunen! Denn so rational ticken wir von der Young Generation nun einmal. Was für ein Glück, dass ich selber dazu gehöre und so auch einen optimalen Zugang zu ihnen habe. Daher fällt es mir wohl auch geschäftlich leicht, junge Leute mit ins Boot zu holen. Wie? Zuerst gehe ich über das Produkt, und mache deutlich, welche Qualität unsere Produkte haben, wie gut sie wirken und welche Erfahrungsberichte wir vorweisen können. Wichtig ist auch, dass ich meinen Gesprächspartnern zeige, wie sehr man anderen Leuten mit unserem Konzept und unseren Produkten helfen kann. Sie brauchen sich dann nur in ihrem ganz eigenen, persönlichen Umkreis umschauen, und sie erkennen, wie viele junge Frauen z.B. schon unter Kopfschmerz oder gar Migräne leiden, unter Verdauungsschwierigkeiten und Gewichtsproblemen. Das wird auf Dauer ja auch nicht besser. Schon gar nicht von allein. So bringe ich Sie über das Produkt näher zu uns und versuche sie zu begeistern.

Anschließend komme ich in den geschäftlichen Motivations- und Visionspart hinein. Da frage ich sie, was sie in ihrem Leben noch erreichen wollen, ob sie ein Lebensziel definiert haben und wenn ja, wie das aussieht. Ich möchte von meinem Gesprächspartner wissen, wo er sich in drei bis vier Jahren sieht. Und ich frage ihn, ob er mit dem, was er heute beruflich macht, dieses Ziel in der Zeit erreichen wird. Ferner möchte ich wissen, was er braucht, um diese selbst gesteckten Ziele zu erreichen. Gerne nehme ich mir einen materiellen Wunsch von meinem Gesprächspartner vor und wir schlüsseln gemeinsam auf, was er im Monat an Einkommen benötigt, um sich diesen einen Wunsch erfüllen zu können. Wir „visionieren" zusammen. Genau dieses Visionieren, dass wir zusammen auf eine Reise gehen, unseren Träumen, Wünschen freien Lauf lassen, wo wir uns das Schönste vom Schönen so vorstellen und ausmalen, als sei es schon real, das törnt so richtig an. Und dabei erkläre ich meinem Partner, dass wir sein Ziel, nämlich das, welches wir uns gerade in Gedanken ausgemalt haben, zusammen erreichen werden. Denn er soll spüren und wissen, ja, er soll sich sicher sein, dass er in unserem Team, in unserer Orga nicht allein ist und verloren geht. Nein wir sind an seiner Seite. So schaffe ich notwendiges Vertrauen. Und Vertrauen ist die Basis von geschäftlichem Erfolg – das gilt für alle junge und ältere Geschäftspartner gleichermaßen. Denn Menschen schließen sich uns und unserer Industrie ja nicht langfristig an, wenn wir nur ein kurzes Strohfeuer entzünden und abfackeln. Die Flamme muss innerlich immer weiter brennen. Und das funktioniert einzig und allein über den enorm wichtigen Faktor „Vertrauen".

Dieses Vertrauen ist eine Grundvoraussetzung. Nur so schaffe ich es, dass jeder, der bei mir im Team loslegt, begeistert von den Produkten ist. Denn sonst funktioniert gar nichts.

MERKE:
Nur wer träumen kann, hat auch den Ehrgeiz, die Kraft und ebenso den Mut dafür zu kämpfen, dass diese Träume wirklich wahr werden. Vertraut er dabei auf sich, seine Stärken und zusätzlich auf Partner an seiner Seite, nimmt der Erfolgszug doppelt Fahrt auf!

Anschließend machen wir zusammen eine kurze Zielplanung. Die muss nicht detailliert und haarklein exakt sein. Aber es muss deutlich werden, dass der neue Partner eine Entscheidung getroffen hat, dieses Ziel konsequent zu verfolgen. Dabei wird klar, dass es sich nicht um ein lockeres Zwei-Tages-Projekt handelt, nach dem Motto: „Ich versuch‘ mal etwas ...!“, sondern um einen längeren Weg, den wir gemeinsam gehen wollen. Er hat die Produkte ja dann auch selber schon genommen, damit hat er sein eigenes Testimonial. Damit wird er ja quasi ein Teil all derer, die schon Erfahrungsberichte abgegeben haben. Auf diesen großen Pool kann er zurückgreifen und diese Erfahrungen mit anderen in seinem Umfeld teilen.

Mir ist es dabei wichtig, dass man nicht nach einer exakt vorgefertigten einheitlichen Strategie arbeitet. Denn es bringt meines Erachtens gar nichts, wenn alle Partner den gleichen Satz nachsprechen, der vielleicht gar nicht ihrem Sprachgebrauch entspricht. Das wäre absolut nicht authentisch und damit unglaubwürdig. Wie jemand die Botschaft rüberbringt, wie gut unsere Produkte sind und wie gut sie wirken, muss jeder für sich entscheiden. Hauptsache es klingt ehrlich, kommt von innen heraus, kommt von Herzen. Nur so wird deutlich, dass jemand selber von dem Produkt begeistert ist. Diese eigene Begeisterung ist eine wichtige Basis. Sonst hat es den Mief von „Fake“. Wir wollen ja keine Werbe-Ikonen draußen rumlaufen lassen, die wie in der Werbung mit perfektem Lächeln, mit perfektem Aussehen, in perfekter Umgebung und mit perfekter Sprache ein Produkt anpreisen. Darauf sind wir zwar durch das allgegenwärtige Marketing geprägt, aber uns kommt es auf die Ehrlichkeit und die Selbstüberzeugung an.

Nur so kann man in seinem persönlichen Umfeld überzeugt und aufrichtig von unseren Produkten reden und dies ebenso auch in den diversen Social-Media-Kanälen tun. Dabei kommt dann ein Mix aus Selbsterfahrung, eigener Motivation und aus der Ankündigung zustande, dass man sich einer neuen Aufgabe, einem neuen Job widmet.

Ob nun Plan B oder die 2. Chance – ich jedenfalls nenne es immer den Jackpot im Leben! Denn wer die Möglichkeit ergreift, im Network-Marketing aktiv zu werden, der entscheidet sich für Erfolg, für Karriere, für Teamwork und vor allem für die Zukunft, und zwar für eine sichere. Die Gründe habe ich Euch eingehend vorgestellt. Geld mit Spaß zu verdienen, sich ein neues, starkes oder ein alternativ zweites Standbein im Leben aufzubauen zu können und dabei so viel tolle Abenteuer zu erleben und von Sieg zu Sieg zu eilen, na, wie bitte soll man so etwas nennen, wenn nicht Jackpot?

„Es muss nicht immer alles
einen Sinn ergeben,
oftmals reicht es
einfach schon,
wenn es Spaß macht ...!“

4. Kapitel

LINDA HEBERLEIN – erst fühlen, dann machen!

Steckbrief:

Liebe Mütter, ich möchte Euch eine Möglichkeit aufzeigen, welche meiner Meinung nach Millionen von Frauen, liiert oder alleinerziehend, interessieren könnte. Denn dabei muss sich eine Mutter nicht mehr zwischen Kind oder Job/Karriere entscheiden. Die Suche nach einem teuren Kitaplatz? Vergesst es, denn diese Möglichkeit bietet Euch beides. Zeit für die Kiddys und Zeit für Eure Karriere. Meine Lösung für diese Zwickmühle heißt: Network-Marketing. Da wird der Schnuller auf Babys Milchflasche verrückt. Und ich weiß, wovon ich spreche. Mit 22 habe ich meinen süßen Sohn zur Welt gebracht. Wahnsinn! Aber deswegen musste ich noch lange nicht wieder meinen Mutterschutz-Job danach antreten. Ihr wisst, was ich meine: Viel Arbeit, wenig Lohn und kaum Zeit für meinen Kleinen. Heute bin ich dank der Erfahrung im Network-Marketing eine Ecke schlauer, kann mein komplettes Business von Zuhause aus aufbauen, bin stets für meine Familie da und verdiene trotzdem sehr gutes Geld. Dazu habe ich die tollsten Partnerinnen und Partner im Team, bin mittendrin statt nur dabei und lebe das Leben einer glücklichen Mutter mit einem tollen Job, bei dem nur einer bestimmt: Ich. Ihr könnt Euch das auch vorstellen? Wie? Genau das verrate ich Euch auf den nächsten Seiten ...

4.1. Meine neue Aufgabe – das unbekannte Wesen

Ich höre und habe immer auf meinen Bauch gehört. Damit bin ich in meinem ganzen bisherigen Leben echt gut gefahren. Auf meinen Bauch ist und war immer Verlass. Und auch in unser tolles und einzigartiges Business bin ich durch meine innere Stimme, durch mein gutes Bauchgefühl gekommen. Langsam, Stück für Stück. Oder man könnte auch sagen: Erst nicht richtig und heute dafür regelrecht himmelstürmend. Deswegen ist meine Geschichte fast schon lustig. Denn als ich in unserer Super-Branche angefangen habe, kam nämlich die Frage hoch, wie ich all die Jahre mit meinem heutigen Mann Marcel zusammen sein konnte, in der Zeit ja erlebt habe, wie erfolgreich sein Vater in der Branche war, aber ich selber es eigentlich nie gesehen habe. Das gleiche gilt für die Zeit, als ich mit Marcel schon zusammenlebte, und auch er bei der Partner-Company aktiv wurde. Vor allem vor dem Hintergrund, dass ich ein sehr sozial veranlagter Mensch bin, der anderen wirklich gerne hilft. Daher hat mir auch meine Arbeit auf der Leukämie-Station im Krankenhaus Ulm viel Freude bereitet, obwohl ich so viel mit dem Tod konfrontiert wurde. Ich habe gar nicht wirklich registriert, was Marcel da eigentlich macht. Ist das nicht irre? Wahnsinn! Ich hatte gar keine Ahnung von seinen Erfolgsstufen, was mir im Nachhinein beinahe leidtut. Dabei habe ich die Produkte sogar selber von Anfang an genommen. Aber ich habe nie erkannt, was dahintersteckt. Wahrscheinlich war ich selber noch gar nicht wirklich offen dafür. Darum – offen und ehrlich: Ich hatte bis dato keinerlei Berührungen mit Network-Marketing und wusste rein gar nichts davon.

Ganz im Gegenteil. Das aufregende Network-Geschäft kam eigentlich erst wirklich vor gar nicht langer Zeit ins Spiel: Es war nach meiner Schwangerschaft und dem Ende der Elternzeit. Da stellte ich mir die Frage, was ich eigentlich machen wollte und sollte. Ich habe meinen eigentlichen Job wirklich geliebt und bekam sogar einen Job in einer guten Praxis angeboten, obwohl ich zu dem Zeitpunkt noch nicht einmal eine Stelle gesucht hatte. Innerlich aber spürte ich, dass ich eine Aufgabe brauchte, die mich erfüllt. Etwas, was nichts mit dem wunderbaren Dasein als Mutter zu tun hat oder mit dem Haushalt. Und so kam es, dass ich an einem kinderfreien Tag urplötzlich anfing, mich mit der Company, die uns die Produkte lieferte, die sowieso in unserem Haushalt nicht mehr wegzudenken waren, zu beschäftigen. Und das, obwohl mich niemand dazu animiert hatte. Überhaupt war es so, dass mich in all den Jahren, in denen ich mit Marcel zusammen bin, niemand – weder sein Vater noch er selber – auf dieses umwerfende Geschäft angesprochen, mich irgendwie gedrängt hatte, oder gar versucht hätte mich zu überreden mitzumachen. Insofern ging es bei mir Schlag auf Schlag, von jetzt auf gleich, denn es war einfach der richtige Moment.

Ich war ja sowieso von den Produkten begeistert und fing jetzt an, mich einmal näher mit der Firma zu beschäftigen. Da gab es einen gravierenden Punkt, der mich in der herkömmlichen Arbeitswelt, in der ich ja schon länger Jahre tätig war, immer aufgeregt hat: Ich gebe als Mensch immer 100 Prozent. Schon als Azubi habe ich so gearbeitet, als wäre ich eine ausgelernte Kraft. Aber es wird leider selten anerkannt und geschätzt. Eigentlich ist man der Depp, wenn man mehr tut, als erforderlich ist. Denn man bekommt dieses Engagement weder bezahlt noch zahlt es sich irgendwie anders aus. Und genau das ist es, was mich beim Network-Marketing so fasziniert. Es hängt von einem selber ab, wie die Performance ist, was man draus macht und damit auch, was man verdient. Ich bestimme, wieviel ich mache und dementsprechend verdiene ich auch. Eben leistungsbezogen! Genau das hat mich sehr motiviert. Das ist etwas, was modern ist, was unserer Generation genau entgegenkommt. Keine starren Gerüste und keine langen Strukturen, wo von oben herab Befehle gegeben werden, sondern man ist seines eigen Glückes Schmied. Wenn etwas Spaß macht, arbeitet es sich doch viel schöner.

Mensch, war ich überrascht und inspiriert zugleich, als ich erstmals entdeckte, wie diese Company tickt, wie dort gearbeitet wird und wie die Menschen, die dort tätig sind, behandelt werden. Das war alles so völlig anders, als ich es bisher kannte. Ich hatte ja bisher keinen blassen Schimmer, was die Firma konkret macht, wo sie überhaupt beheimatet ist, worum es dabei geht, noch sonst irgendetwas – ich wusste einfach nichts. Außer, dass sie mega geniale Produkte produziert. Und von Network-Marketing wusste ich erst recht nichts. Auch nicht, wie faszinierend dieses Business ist. Heute weiß ich: Diese einmalige Branche ist wirklich etwas für Freigeister – so wie ich einer bin. Und damit schlage ich komplett aus der Art. Denn meine ganze Familie hat einen akademischen Hintergrund, meine Schwestern studieren, mein Vater hat studiert, nur mich hat dieser Bildungsweg nie wirklich interessiert. Mein heutiger „Beruf" ist eigentlich eher für jemanden, der nicht immer mit dem Strom schwimmt, der sich nicht mit der Masse bewegt, sondern der seinen eigenen Kopf hat. Und genau das trifft auf mich zu. Deshalb bin ich in meine Aufgabe wohl auch so verliebt und verfolge mit Lust, Liebe und Spaß meinen Job.

4.2. Mangels Erfahrungen entscheidet der Bauch

Es muss nicht immer der Kopf und die Vernunft sein, die uns zu einer Entscheidung führt, etwas zu machen oder etwas zu unterlassen. Ich bin dafür das beste Beispiel. Denn da gibt es noch etwas anderes, eine innere Stimme, die sich meldet oder uns manchmal auch nur zaghaft antreibt: das Bauchgefühl. Kennt Ihr das auch? Es ist dieses unbeschreibliche, kribbelnde Gefühl, das zwischen Kopf, Herz und Bauch hin und her fließt, wenn es darum geht, eine Entscheidung zu treffen. Und wie oft haben wir manchmal schon gedacht: „Ach, hätte ich doch auf meinen Bauch gehört!“ Sicher, das Bauchgefühl führt uns nicht immer zu der richtigen Entscheidung. Dennoch weiß man heute, dass man viel öfter richtig liegt, wenn man auf seine eigene innere Stimme hört. Dabei ist das so genannte Bauchgefühl eigentlich nichts anderes, als Entscheidungen zu treffen, ohne darüber vorher lange nachzudenken. Oder gar mit Logik an einen Entschluss heranzugehen. Man verlässt sich schlicht und einfach auf ein Gefühl, das zunehmend im Unterbewusstsein entsteht und eben nicht logisch erklärbar ist. Und wenn das passiert, dann haben wir einfach mal etwas aus dem Bauch heraus entschieden. Unsere eigenen Erfahrungen vernachlässigen wir dann, und andere Zusammenhänge werden gar nicht weiter geprüft. Im Gegenteil, alles geht rasend schnell. Manchmal ist der Bauch daher auch schneller als das Hirn.

Wie ich jetzt gerade erst erfahren habe: „Je schwieriger eine Entscheidung ist, desto mehr sollte man seinem Unterbewusstsein vertrauen!" Das sagen jedenfalls bekannte Psychologen. Diese Aussage ist echt erstaunlich. Denn wer nach dem Bauchgefühl entscheidet, geht dabei über wichtige Informationen hinweg und trifft seine Entscheidung nach seinem eigenen, geheimen Erfahrungsschatz. Das Für und Wider einer solchen Entscheidung wird dabei nicht gecheckt. Im Gegenteil, der Prozess läuft so schnell ab, dass es gar nicht erst zum Abwägen kommt, da das Unterbewusstsein die Entscheidung tief im Inneren schon lange gefällt hat. Die Überraschung dabei ist, dass man – statistisch gesehen – meist die bessere Entscheidung trifft, wenn man auf das Bauchgefühl gehört.

Besonders kurios: Viele Entscheidungen treffen wir aus Angst. Doch wird uns diese Angst von anderen in den Kopf gepflanzt. Menschen, die wir um Rat fragen, prophezeien uns das Scheitern eines Projektes, oder nennen unser Vorhaben abwertend eine „schräge Idee". Das führt dann dazu, dass wir viele Projekte und Vorhaben gar nicht erst realisieren, und deshalb werden viele Träume nicht wahr, weil wir verlernt haben, auf unsere innere Stimme zu hören – nämlich auf unser Bauchgefühl.

MEIN FREUNDSCHAFTLICHER TIPP:
Wenn Euch jemand anderes sagt, Network-Marketing sei eine „schräge Idee", dann bleibt höflich und zeigt ihm, wie „schräg" denn eigentlich die normale Arbeitswelt ist. Habt Verständnis für Ihn, denn vermutlich wurde ihm diese Chance nie richtig erklärt.

Ich selber bin ein sehr emotionaler Mensch, der Gefühle gezeigt und zulässt. Wahrscheinlich handele ich deshalb sehr oft aus dem Bauch heraus und liege damit auch meistens gar nicht falsch. Ich glaube auch, dass vor allem junge Menschen auf ihr Bauchgefühl vertrauen. Das müssen Sie auch, denn sie sind ja noch nicht reich an Erfahrungen. Da ihnen aber diese fehlen, haben Sie gar keine andere Wahl, als auf ihren Bauch zu hören. Denn sonst hätten Sie ja nie die Möglichkeit Entscheidungen zu fällen. Ich würde fast behaupten, dass junge Leute mehr emotionsgeleitet sind, als dass sie sich von Logik und ihrer Rationalität treiben lassen. Rein statistisch betrachtet, müssten sie dann ja auch öfter mit ihren Entscheidungen richtig liegen.

5 Punkte, die Euch helfen können, öfter auf das Bauchgefühl zu hören:

1. Sich selbst fragen, ob man ehrlich ist? Damit ist gemeint, ob man sich selbst gegenüber ehrlich ist, oder ob man sich mit seinen eigenen Gedanken gerade selber belügt. Was sagt Dein Bauch in diesem Moment dazu?
DENN: Nur wer an seine Ziele ehrlich glaubt, wird sie auch erreichen!
2. Bringt mich die Entscheidung weiter? Führt die Entscheidung wirklich dahin, wo ich wirklich hin möchte? Diese Frage musst Du Dir ehrlich beantworten, denn nur Du kennst Deine geheimsten Träume. Frage Dich daher, ob diese Entscheidung Dich näher an Dein Ziel bringt.
DENN: „Wenn Du nichts veränderst, wird sich auch nichts verändern!“

3. Gibt es andere Möglichkeiten? Manchmal vergisst man, sich intensiver umzuschauen. Man übersieht dann eventuell eine sinnvolle Alternative. Und da kann Dir dann auch der Bauch nicht mehr helfen.
DENN: „Beginne mit dem Notwendigen, dann tue das Mögliche und plötzlich wirst Du das Unmögliche tun."
4. Drohen Konsequenzen? Diese Frage sollte man sich vor allem stellen, wenn Dein Bauchgefühl Dir zu etwas rät, was sich merkwürdig anhört.
DENN: „Eine Reise mit tausend Meilen beginnt mit einem kleinen Schritt."
5. Hast Du genau hingehört? Manchmal verwechselt man Bauchgefühl mit Emotionen, und das ist nicht dasselbe. Mach' dich frei von guten oder schlechten Gefühlen, dann höre noch einmal ganz genau in Dich rein: Was sagt Dein Bauch wirklich?
DENN: „Du musst nicht spitze sein, um anzufangen. Aber Du musst anfangen, um spitze zu werden."

4.3. Wenn aus Naserümpfen höchste Anerkennung wird

Wie oft haben wir schon Dinge getan, weil man sie einfach von uns erwartet hat? Mal sind es die Eltern, dann mal der Partner oder die Partnerin, mal sind es Freunde. Man denkt auch gar nicht immer darüber nach und macht es einfach. Das betrifft vor allem uns aus der „Young Generation", die sich dann schnell von außen beeinflussen lassen. Man macht es anderen nach, wie ein Herdentier ohne nachzudenken. Warum? Weil es alle ja auch so machen und dann muss es schon richtig sein. Dabei achtet man selber oftmals gar nicht darauf, wie sehr man sich verbiegt.

Aber: Auch einen jungen, noch grünen Ast kann man halt nur so lange biegen, bis er bricht. Dazu fällt mir folgende Geschichte ein:

Das ist wie mit der jung verheirateten Frau, die ihrem Mann sein Lieblingsgericht kochen will: eine Lammkeule. Bevor Sie diese gut gewürzt in den Ofen schiebt, schneidet sie das unterste Stück ab und legt es neben die restliche Keule in den Schmortopf. Ihr frisch Ehemann guckt ihr über die Schulter und fragt sie: „Warum machst du das?" Sie antwortete darauf: „Keine Ahnung, meine Mutter macht das auch immer so!" Merkwürdig, deshalb wollte er es nun genauer wissen und fragte seine Schwiegermutter, warum sie denn das untere Stück der Lammkeule abschneiden würde. „Das, mein lieber Schwiegersohn, kann ich dir verraten: Weil meine Mutter das auch immer so macht und es immer prima geschmeckt hat!" Ihm ließ die Frage nun immer noch keine Ruhe und er fragte die Oma, die noch lebte, warum sie denn das untere Stück der Lammkeule immer abschneiden würde. Da lachte die Oma und sagte: „Das hat einen ganz einfachen Grund: Mein Schmortopf ist für eine ganze Lammkeule viel zu klein, dass sie im Ganzen halt nicht reinpasste. Da habe ich das unterste Stück eben abgeschnitten!"

Ich glaube, das ist mit unserer Aufgabe im Network-Marketing genau das gleiche. Die Tätigkeit entspricht in seiner Art und Weise vielleicht nicht auf den ersten Blick dem, wie unsere Generationen zuvor es gewohnt sind zu arbeiten. Es ist fast eine gesellschaftliche Frage. Man versucht somit andere, insbesondere junge Menschen immer wieder in eine Schublade zu drängen. Entweder man macht eine Lehre oder man muss studieren. Alles andere geht nicht, weil sie es nicht anders kennen, es selber so vermittelt bekommen haben. Außerdem glauben viele Ältere, nur so könne ein junger Mensch Ansehen nach außen erlangen, es zu großem Wohlstand bringen und Karriere machen. Es sind eingefahrene Denkstrukturen und immer die gleichen Wege. Es ist wie bei meiner Schwester. Sie hat ein Medizinstipendium bekommen. Das hört sich natürlich nach außen hin sensationell gut an und ist es ja auch. Aber: Diesen Weg kennt man – jeder weiß, was das ist, was da passiert und wie die Zukunft dann aussehen wird. Das versteht jeder und es passt in das eingeprägte Denkschema der Älteren hinein.

MERKE:
Raus aus dem Schubladendenken! Lasst Euch niemals in ein Denk-Korsett pressen und passt Euch bloß nicht an, sondern lebt und arbeitet nach dem Motto von Pippi Langstrumpf – und das geht so: „Ich mach' mir die Welt, wie sie mir gefällt!" Denn es ist EUER Leben und wahrscheinlich auch das einzige, das Ihr jemals haben werdet!

Die Meinungen und Ansichten zum Thema Network-Marketing sind meiner Meinung nach bei den Älteren einfach festgefahren. Das sind verkrustete Denkstrukturen. Vielleicht hat es auch damit zu tun, das Eltern glauben, sie müssten über den Dingen stehen, und müssten permanent eine schützende Hand über die Kinder halten. Ganz ehrlich? Kann ich sogar irgendwo auch verstehen. Denn die Branche ist in Deutschland noch nicht so bekannt und anerkannt, wie in vielen Teilen vom Rest der Welt. Vielleicht glauben sie nicht an die Sicherheit in dem sensationellen System Network-Marketing. Dabei ist meiner Meinung nach

Network-Marketing eine der sichersten Branchen. Heutzutage ist man doch bei keinem großen Konzern mehr sicher. Man betrachte nur einmal, wieviel tausende Stellen jedes Jahr bei großen Konzernen gestrichen und durch Roboter oder Computer ersetzt werden. Aber diese Eltern wissen gar nicht, wie unschlagbar diese Branche wirklich ist. Aber woher denn auch? Es wird ja in unserem Schulsystem nicht gelehrt oder gar angesprochen.

Und ein weiterer wichtiger Aspekt könnte es sein, dass Ältere und insbesondere die Eltern plötzlich sehen, dass man ohne Studium doch mehr Geld verdient als so mancher mit Studium. Das hat einen Touch, als ob das nicht mit rechten Dingen zugehen würde. Wie kann es sein, dass man sich ohne eine herkömmliche Ausbildung oder ohne ein Studium mehr leisten kann, als wenn jemand den klassischen Weg gegangen ist? Das kommt den Älteren merkwürdig vor. Eine Mutter kann es wahrscheinlich nicht verstehen, dass jemand wie ich, der schon immer sich selbst verwirklichen wollte, jedoch bis zum Ende der Schulzeit noch nicht wusste, in welche Richtung es gehen sollte und für den daher auch der Reiz an einem Studium nie vorhanden war, plötzlich fünfstellig verdient. Aber genau das ist im Network-Marketing möglich! Das genau ist das Sagenhafte, das Umwerfende, das Faszinierende an unserem Business. Ja, den so oft beschriebenen Amerikanischen Traum, vom Tellerwäscher zum Millionär, der angeblich nicht mehr möglich ist – hier in der Branche ist er möglich! Dem Empfehlungs-Marketing sei Dank! Mal ganz ehrlich: Wenn ich mich in unserer Company so umschaue, dann müssten sich eigentlich so manche Eltern vor ihre Kinder stellen und sagen: „Wir haben mit unserer Meinung und unseren Vorurteilen voll daneben gelegen. Sowas Tolles hätten wir nicht für möglich gehalten. Network-Marketing würden wir auch machen, wenn wir nochmal jung wären!" Und dann kommt unser großer Moment, weil wir dann nämlich sagen können: „Ach Mama, ach Papa, ihr seid doch nicht zu alt für jungen Erfolg! Das ist nämlich noch ein weiterer Vorteil von unserem absoluten Sahne-Geschäft: Ihr könnt jederzeit mitmachen, einsteigen und Euch etwas aufbauen. Für Network-Marketing ist man nie zu alt. Wir als Youngster sind ja auch nicht zu jung dafür …!"

4.4 Erfolg von innen heraus

Lasst Euch bitte einmal erzählen, wie sich plötzlich bei mir mein Bauchgefühl gemeldet hat und alles anfing: Bei uns in der Küche stehen die ganzen Produkte und ich räume sie immer in die entsprechenden Schränke ein. Aber an diesem einen besagten Nachmittag habe ich mir so gedacht: Es geht uns als Familie ja gut und eigentlich bräuchte ich künftig auch nicht mehr halbtags als Arzthelferin zu arbeiten. Mein Verdienst geht ja eh für die Kita-Gebühren drauf. Also habe ich plötzlich die ganzen Produkte von unserer Partner-Company auf unser weißes Sideboard in der Wohnung drapiert, habe ein Foto davon mit mir gemacht und habe das gespeichert. Danach habe ich mich auf das Sofa gesetzt und habe mir auf dem internen Videokanal unserer Company komplett alles angesehen, was unser Unternehmen betrifft. Darüber hinaus habe ich zusätzlich auch die ganzen Broschüren durchgelesen, die bei uns im Haus lagen. Ich bin nämlich jemand, der wissen will, was er macht und was dahintersteckt. Mir würde es nicht allein genügen, die Produkte nur zu kennen, sondern ich will bestens informiert sein. Ich habe mich insofern von diesem Zeitpunkt an sehr intensiv mit der Firma und mit allem, was dazugehört befasst, und habe hinterher einfach nur noch dermaßen vor Begeisterung gebrannt, dass man an mir hätte eine Kerze anzünden können.

Und noch etwas hat mich weiter inspiriert: Ein kurzes Video auf Instagram von einer Geschäftspartnerin aus Italien. Die hat mich irgendwie gekriegt. Und ich habe dabei selber gedacht: Toll, wie die das macht, das ist ja cool. Das ist so dermaßen ansprechend – auch für mich. Sie hat mich fasziniert. Ich fand sie cool. Später hat Marcel mir berichtet, was diese Frau im Monat verdient. Mehrere zehntausend Euro im Monat – und das mit dermaßen viel Spaß und Freude. Es wirkt einfach „ECHT". Das hat mich natürlich total geflasht. Das Geschäft und sie gingen mir einfach nicht mehr aus dem Kopf. Es drehte sich alles. Im Anschluss habe ich meine Schwester angerufen, die ein paar Jahre jünger ist als ich und die gerade dabei ist, ihr Abitur zu machen. Ich habe hier dermaßen von dem Unternehmen, von den Produkten – die meine Schwester ohnehin schon länger selber nimmt – und von dieser Frau aus dem Video vorgeschwärmt. Ja, ich muss es zugeben: Ich war völlig überdreht und habe beinahe wirres Zeug geredet.

Da war plötzlich eine Frau, eine wie ich, eine aus der Young Generation wie ich, und die hat das geschafft, was in meiner Familie bisher keiner geschafft hatte – vielleicht auch, weil es niemand gar nicht erst versucht hatte – aber egal, sie hat mich angezündet, hat mich komplett unter Strom gesetzt. Man, da bekomme ich heute noch vor Aufregung regelrecht eine Gänsehaut. Sie hat einfach bei mir ins Schwarze getroffen – wie sie es macht, wie sie spricht, wie sie die Produkte vermarktet. Sensationell! Und ich wusste: So wie sie, so würde ich es auch machen, so sehe ich mich selber auch. Mit ihr und mit ihrer Art kann ich mich komplett identifizieren. Ich hatte mein Vorbild, meine Inspiration gefunden!

4.5. Achtung: Ansteckungsgefahr! Wenn Begeisterung begeistert

Begeisterung ist eigentlich nichts anderes als extrem positive Energie, die fließt. Erst in einem selber, dann auch in anderen. Denn Begeisterung überträgt sich wie das Lachen. Kennt Ihr das? Mitten in einer Situation, wo es still ist oder gar ernst, fängt irgendjemand an zu lachen. Erst klammheimlich, versteckt, dann schon offensichtlicher. Und es dauert nicht lange und schon fängt der nächste an. Man kann sich fast gar nicht dagegen wehren. Lachen steckt an. Es springt von einem zum anderen, bis plötzlich eine ganze Schar Menschen sich vor Lachen kaum noch halten können. Und alle, bis auf den ersten Lachenden, haben eines gemeinsam: Sie alle wissen noch nicht einmal, warum sie lachen. Mit der Begeisterung ist es da nichts anders. Wenn ich jemanden voller Inbrunst und Energie etwas vorschwärme, wenn es nur so aus mir vor Begeisterung raussprudelt, dann reiße ich meine Mitmenschen mit, stecke sie mit meiner Freude, meiner guten Laune und mit meiner inneren Energie regelrecht an.

Was Begeisterung auslöst:
1. Begeisterung inspiriert zum Handeln
2. Begeisterung ist Energie, um Ziele zu erreichen
3. Begeisterung verwandelt Negatives in Positives

4. Begeisterung weckt eigene Sinne und die der anderen
5. Begeisterung versprüht gute Laune
6. Begeisterung reißt mit
7. Begeisterung vermittelt Botschaften
8. Begeisterung kann Gedanken anderer umleiten
9. Begeisterung wirkt anziehend
10. Begeisterung macht sexy

So war das auch mit meiner Schwester, als ich ihr am Telefon voller Enthusiasmus von meiner neuen Entdeckung, von den anstehenden Möglichkeiten und den Chancen durch das Unternehmen berichtete, nein, regelrecht vorschwärmte. Sie kam ja gar nicht zu Wort. Ich habe geschwärmt, geredet wie ein Wasserfall. Ihre erste Reaktion lautete: „Okay, okay, ich bin dabei!“ Vielleicht wollte sie mich anfangs noch etwas fragen, aber sie war chancenlos, so wie ich vor Euphorie gesprudelt habe. Man, war ich drauf. Ob ich innerlich gebrannt habe? Hach, was sage ich – ich war die reinste Fackel, ein echter Vulkanausbruch. Und so habe ich dann auch sie angezündet, habe sie voll in Begeisterungsbrand gesetzt, bis sie wie die Sonne leuchtete.

Gerade zu Beginn habe ich andere mit meiner puren Begeisterung angesteckt. Ich habe wirklich einfach die Menschen begeistert angerufen, habe deutlich gemacht, dass wir nichts zu verlieren hätten. „Lass es uns zusammen probieren, denn was hier machbar ist, das ist der Wahnsinn!“, habe ich gesagt. Ich habe sie ohne echte Termine, ohne gestellte Worte, ohne ein gelerntes Gespräch mit auf meine eigene Reise genommen. Und – sie haben sich von meiner Begeisterung fast alle anstecken lassen und haben alle mitgemacht. Die genaue Zahl weiß ich nicht mehr. Dabei waren auch viele Kunden und Produktanwender. Allein meine Schwester hat binnen zweier Monate mit ihrem aufgebauten Team über 100 Menschen mit den Produkten zu mehr Gesundheit verhelfen können und somit einen Umsatz von einigen Tausend Euro aufbauen können. Einer aus meinem Team kommt aktuell sogar auf ein Mehrfaches von ihr an Umsatz und das sind keine Ausnahmen. Viele, die mit mir zu Beginn meiner Karriere gestartet sind, sind heute ebenfalls sehr erfolgreich im Geschäft. Und alles nur, weil ich vor Begeisterung sprudel'.

Die Begeisterung für eine Sache ist einfach wichtig. Sie steht für mich ganz vorne auf der Prioritätenliste. Ich sage meinem Team auch immer: „Egal, wie eine Präsentation aussieht oder ein Vortrag sich anhört, wichtig ist, dass die Begeisterung für die Sache rüberkommt. Mit Begeisterung erreicht man selber sehr viel. Vor allem erreicht Ihr damit die Herzen der anderen. Wer jetzt aber auf die Idee kommt, dass ich eventuell wegen der familiären Konstellation den Erfolg geschenkt bekommen hätte, der täuscht sich. Natürlich war Marcel bei den ersten Terminen, die ich hatte, immer dabei und hat mir Hilfe und Unterstützung gegeben. Und auch mein Schwiegervater Joachim hat mir durch ein Startgespräch überaus wertvolle Tipps mit an die Hand gegeben. Aber die Termine vereinbart und dann letztendlich losgegangen bin ich selbst!

Eines werde ich aber nie vergessen: Als ich das erste Mal aus dem Nichts heraus meinen Schwiegervater angerufen hatte, ist er fast vom Stuhl gefallen, als ich Ihm quasi erklären wollte, dass ich diese Chance jetzt für mich nutzen möchte – und werde. Sein erster Tipp war: „Schau Dir die Videos auf unserem internen Portal von unseren Kunden und Teampartnern an! Hör Dir an, was sie sagen und wie begeistert sie sind!“ Und genau das habe ich auch getan. Dennoch: Im Nachhinein betrachtet, war es alles ein bisschen wild und ungeordnet. Aber egal, es hat funktioniert. Meine Energie und damit mein Erfolg waren meine Begeisterung!

Dabei darf man bitte nicht vergessen: Meine Ausgangslage war, dass ich lediglich etwas Beschäftigung haben wollte und vielleicht mal so nebenbei zusätzlich rund 200 Euro im Monat verdienen wollte. Ich habe auch gleich zu Beginn deutlich gemacht, wenn mir das zu viel wird oder mich die Sache nervt, dann bin ich sofort weg. Immerhin war ich in erster Linie mit Leib und Seele Mami! Insofern habe ich mich gerade zu Anfang mit Zahlen überhaupt nicht wirklich beschäftigt. Das Ergebnis davon war: Ein bisschen Beschäftigung habe ich jetzt und die 200 Euro im Monat habe ich auch…;-)! Ganz ehrlich: Ich habe mich dabei auch nie mit einem Marketingplan beschäftigt, sondern ich habe einfach immer weiter Leuten von diesen tollen Produkten und der einzigartigen Geschäftsmöglichkeit erzählt. Schon im zweiten Monat hatte ich meinen Umsatz mehr als verzehnfacht, und nach vier Monaten hatte ich auch dieses Ergebnis mehrfach verdoppelt. Das ist nun knapp ein Jahr her. Heute liegt mein Umsatz in Dimensionen pro Monat, wovon ich vorher nicht einmal zu träumen gewagt hätte. Natürlich auch, weil Teamwork bei uns groß geschrieben wird und wir als Team perfekt funktionieren, füreinander da sind. Ganz nach dem Motto der berühmten drei Musketiere: Einer für alle, alle für einen! Das also bedeutet: Ich habe etwas Erfolg, stehe finanziell auch als Ehefrau auf zwei gesunden selbstständigen Beinen, und habe immer genügend Zeit für unseren Sohn, denn ich bin unabhängig und kann mir meine Arbeit sowie meine Zeit frei einteilen.

Ich kann nur eins sagen: Für mich ist diese Chance als Mutter alternativlos. Ich könnte mir nichts besseres vorstellen, um Karriere und Kind zu vereinen und bin so dankbar, dass sich mir diese Chance ergeben hat.

4.6. Als junge Frau zum Ziel

Ich habe auf die Erfahrung von anderen Partnern gehört – natürlich gerade auf die von meinem Schwiegervater. Und der Rat lautete: Arbeite nur mit Partnern aktiv zusammen, die auch wirklich wollen. Dabei wurde ich aber zugleich quasi aufgefordert und bestärkt, so weiterzuarbeiten wie bisher. Und genau daran habe ich mich gehalten. Ich habe seit Beginn meiner Karriere in unserer Firma nur wenig geändert. Also maximal nur das, was notwendig war. Jeder, der sein Commitment zu meinem Team abgibt, und mir sagt, dass er wirklich will und dieses auch macht und beweist, mit dem arbeite ich auch wirklich aktiv und intensiv zusammen. So ein Versprechen ist wie ein geistiger Vertrag. So etwas bricht man nicht. Da spielt es keine Rolle, auf welcher geschäftlichen Ebene sich jemand gerade befindet, oder in welcher Karrierestufe er gerade ist. Aber alle mit denen ich bisher intensiv zusammengearbeitet habe, sind auch recht erfolgreich in meinem Team. Die liegen meistens schon innerhalb von zwei bis drei Monaten bei einigen tausend Euro Umsatz und mehr.

Mir ist es nur wichtig, dass die Leute auch wirklich wollen, damit ich keine Zeit verschwende. Und das wird von allen akzeptiert – auch, wenn ich noch jung bin. Aber ich habe ja demonstriert, dass es geht. Ich habe es vorgemacht. Also habe ich auch einen Grund zu führen. Ich kann immer nur sagen: Vor allem junge Frauen sollten sich nicht immer so sehr zurückhalten. Zeigt, was Ihr könnt und geht voran. Mir hat meine Rolle dabei als Frau wirklich sehr geholfen. Ich habe vielmehr mit meinen Tugenden gepunktet. Mit meinem großen Herz am rechten Fleck, mit meinem gesunden Ehrgeiz, den ich habe. Denn wenn ich etwas wirklich will, wenn ich mir ganz fest etwas vornehme, dann schaffe ich das auch. Außerdem bin ich sehr authentisch, spiele keine Rolle und bin damit keine Schauspielerin vor meinen Leuten. Aber ich kann auch sehr intuitiv, spontan sein und es kommt mir immer auf die Ehrlichkeit an.

Das ist doch das eigentlich Grandiose in unserem imposanten Business: Im Network-Marketing werden alle Menschen gleich behandelt. Egal, wie einer aussieht, was er kann, oder welche Schulbildung er hat. Und der geniale Nebeneffekt: Man lernt ständig dazu, macht unentwegt Erfahrungen der besonderen Art. Ich liebe dieses Business. Viele junge Leute wollen darum auch gern dazugehören. Das merke ich daran, dass mich viele Leute über Instagram einfach anschreiben und mitmachen wollen. Sie finden das cool, und melden sich einfach bei mir. Was folgt, ist die Begeisterung für die Produkte und daraus folgt die Weiterempfehlung, was gleichzeitig „das Geschäft“ ist. Das zeigt aber auch, mit welchen Eigenschaften heutzutage ein Unternehmen für junge Menschen attraktiv wird.

Für mich sind das die folgenden **8 Faktoren:**

1. **Arbeiten, wo man selber bestimmen kann, statt fremdbestimmt zu werden**
2. **Arbeitszeit ist Lebenszeit und muss daher auch Raum für anderes bieten**
3. **Flache Hierarchien**
4. **Selber Projekte und Prozesse umsetzen und steuern**
5. **Spaß an der Aufgabe**
6. **Flexible Arbeitszeiten**
7. **Frei wählbarer Arbeitsort**
8. **Individuell gestaltbarer Arbeitsrhythmus**

Frauen sagt man ja nach, sie seien etwas feinfühliger. Ich kann auf alle Fälle von mir behaupten, dass ich mit Hirn und Herz durch den Alltag gehe. Daher bekomme ich auch viel mit, weil ich meine Ohren immer offenhalte und am Puls der Zeit bin. So kommen meine Kontakte zustande, so arbeite ich im Internet, so bewege ich mich im Freundes- und Familienkreis. Und so bin ich auch im Business. Offen für alles und jeden. Ja, so sind wir jungen Leute ja nun einmal. Ich habe zum Beispiel anfangs alle meine Freundinnen zusammengetrommelt und habe denen gesagt, dass ich möchte, das sie sich einmal alles zum Unternehmen und zu den Produkten von mir anhören. Nicht, dass sie in ein paar Jahren zu mir kommen, und mir vorwerfen, dass ich ihnen nichts erzählt und so um eine gigantische Chance gebracht hätte.

Und im Internet? Da hat mir neben meiner weiblichen Intuition und meiner ehrlichen Herzlichkeit meine Authentizität geholfen.

Wahrscheinlich haben sich auch deshalb oftmals über die Social-Media-Kanäle junge Leute gemeldet, die anfangs vielleicht erst einmal nur lose Kontakt gesucht haben. Nach dem Motto: Die Linda, die kennen wir von Instagram, die finden wir cool, die ist ganz erfolgreich, bei der melden wir uns mal. Aber ich weiß auch, dass viele Geschäftspartner von mir, ganz aktiv und direkt Kontakte an der Tankstelle, bei der Post, beim Einkaufen oder sonst wo machen.

Jeder so, wie er es mag und wie er kann. Die große Freiheit in unserer superstarken Branche macht es möglich. Doch den Kontakt herstellen und machen ist das eine. Die Kunst aber besteht darin alle noch so unterschiedlichen Partner, die ein Team ja erst ausmachen und es interessant werden lässt, unter einen Hut zu bringen. Halt ein Team zu formen. Der Trick dabei: Man muss alle gleich behandeln – egal ob Mann, ob Frau, ob klein, ob groß, ob dick, ob dünn. Denn die Personen in unseren Strukturen stehen immer im Vordergrund. Wir führen mit Herz, das ist unser Motto – „Leadership by heart". Und daher entsteht auch kein direkter Konkurrenzkampf.

Mich packt viel mehr der Ehrgeiz, es mir selber zu beweisen, besser als der Durchschnitt zu sein. Das war komischerweise in der Schule nicht so, aber hier im Unternehmen schon. Es ist auch die Anerkennung, die ich vom Team, Kunden und der Company erhalte, die mich sehr motiviert. Das löst in mir fast eine Sucht aus, dass ich gar nicht mehr aufhören kann, weil es einfach viel Spaß macht, und die Anerkennung zugleich ein Anreiz ist weiterzumachen. So kann man meinen Ehrgeiz erklären.

4.7. Mut zum Anderssein! Hallo, neue Welt!

Hier können Mütter ohne schlechtes Gewissen gegenüber ihrer Familie erfolgreich sein, weil sie ihre Zeit selber und frei einteilen können. Wo bitte ist das sonst möglich? Oder jemand, der nicht studiert hat, der hat doch heute kaum noch eine reale Karrierechance auf dem freien Arbeitsmarkt. Bei uns hingegen im Business ist es egal, was auf diesem „Stück Papier" steht. Hier zählen halt andere Werte, solche wie Begeisterung, Engagement, Wille, Einsatz. Hier geht es um die Leistung, und nicht um das, was man mal im Studium oder in der Schule erreicht hat. Ich bin im Alter von 22 Jahren schwanger geworden. Was die Karriere betrifft, wäre es doch für mich auf dem freien Arbeitsmarkt damit aus und vorbei gewesen. Ich hätte keine Chance mehr gehabt. Als ich aber meinen Verdienst für diesen Monat bekam, da habe ich mir gedacht: „Mein Gott, wie toll, aber für was? Ich habe doch nur anderen Menschen geholfen und den Mut gehabt, etwas anders zu machen als all die vielen anderen!"

Ich möchte einfach, dass Leute mitbekommen, auch wenn sie in der Schule nicht so gut waren, wenn es nicht so gut im Studium läuft, wenn sie keine Freude an ihrem derzeitigen Beruf haben, dass sie hier eine neue, eine andere aber ebenso wertvolle Aufgabe finden. Und dass sie hier etwas aus ihrem Leben machen können.

Mein Credo im Leben – und auch im Beruf lautet:
Bei aller Strategie – je mehr Hilfe Du anderen gibst, desto mehr bekommst Du zurück!

Es geht manchmal nur darum einmal zuzuhören. Es muss doch nicht immer um einen selbst gehen. Wenn ich mich wirklich für einen jungen Menschen interessiere, egal woher er kommt und wie er ist, dann kann ich ihn gewinnen. Einfach, indem ich für ihn da bin – das funktioniert. Ich nehme Menschen, die sich nicht trauen, oftmals auch den einen oder anderen Gedanken vorweg und spreche ihn aus. Dann sind die Leute heilfroh, sind erleichtert und öffnen sich. Das geht vor allem jungen Leuten so. Damit habe ich nicht nur mein Leben positiv verändert, sondern auch das anderer. Ich fühle mich hier nicht als Boss, sondern als Ansprechpartnerin. Außerdem darf man ja nicht vergessen, wenn ich die Ziele von Leuten aus meinem Team erfülle, komme ich ja selber auch voran. Denn hier zählt Teamarbeit.

Hallo, Young Generation, ich rufe Euch zu: Habt endlich den Mut und macht Euer eigenes Ding. Hört auf Euer Herz, hört auf Euch und nicht mehr auf andere. Es ist Euer Leben und Ihr habt nur eins davon. Vielleicht sind einige von Euch anfangs durch Schule und Ausbildung oder durch irgendeinen anderen Einfluss auf den falschen Weg geleitet worden. Und jetzt merkt Ihr auf einmal, dass Ihr doch noch etwas verändern möchtet. Ihr möchtet Euch selbst verwirklichen, möchtet Euren Stärken folgen. Klasse, hier sind wir – ein junges Unternehmen mit erfahrenen Mitarbeitern, dass andere junge Menschen sucht, um auch ihnen eine Chance zu geben. Sicher, am Ende des Tages ist es ein Leistungssystem, bei dem fair und transparent abgerechnet wird – eben nach Leistung. Ohne Leistung kein Geld. Ja, das stimmt. Aber wer auch mit einer zweiten, seiner neuen Chance stets nur mit seinen alten Ausreden lebt, der verdient hier nichts – kein Lob und kein Geld. Es geht einfach nur darum, was Du in diese Arbeit investiert. Wenn jemand 100 Prozent gibt, wird er auch viel zurückbekommen. Und wenn einer nichts gibt, wird er auch nichts zurückgekommen. Es geht darum, aktiv zu sein und sich einzubringen. Dabei höre ich auf mein Gefühl. Denn ich bin wie eine Hummel, die nicht weiß, warum sie fliegen kann, aber sie tut es doch – mit Freude.

EPILOG:

Irgendwann tauchte irgendwo ein Post auf, der wie folgt klang und der viral durch das Internet schoss und den neuen Boom in einer der wohl coolsten Branchen auslöste:

An alle, die ihre Ziele noch nicht begraben haben:
Die Zukunft hat einen neuen Namen: Network-Marketing! Ein Business, das auf der Siegerstraße ist, dass kraftvoll ist und dennoch charmant. Hier werden Träume nicht geträumt und verfliegen dann im Nichts, nein, hier werden sie wahr. Weil sie real sind, weil sie das magische Elixier zum Erfolg sind. Diese einzigartige Indus-

trie ist die Verkörperung dessen, wie junge Menschen für sich heute die moderne Arbeitswelt definieren. Ein Stück online, ein Stück offline, digital und analog – immer einen Schritt vor der Zeit und niemals auch nur ein Haarbreit dahinter. Denn die Digital Natives machen die Zukunft schon heute, sie sind nicht zu bremsen sind mit Vollgas und vollem Elan dabei. Warum? Weil sie Ziele haben und weil sie diese hier auch wirklich erreichen können. Denn niemand hält sie auf. Hier wird gefördert statt gehindert, hier wird gemacht statt geredet, hier wird nach vorn gedacht und nicht zurück. Denn so ist sie: Die Young Generation. Genau das will – und exakt das bekommt sie hier auch.

Network-Marketing ist eine Super-Rennstrecke mit freier Sicht und für freie Fahrt in die Freiheit und Unabhängigkeit – es ist die Raketenstartrampe zum totalen Erfolg. Der Treibstoff ist der Spaß, die Freude am Tun, die Lust auf Erfolg, das Außergewöhnliche und das Miteinander. Jeder ist willkommen, um dabei zu sein, weil jeder sich hier einbringen kann. Und zwar mit dem, was er am besten kann. Es sind die Stärken, die gefragt sind, weil die Schwächen niemanden interessieren. Darum ist dieser Post, der wohl wichtigste, der jemals in den Sozialen Medien veröffentlicht wurde – bei Facebook & Co …

Und Deine grandiose Zukunft in der aufregenden Welt der faszinierenden Network-Marketing-Branche ist nur einen Klick entfernt. Also, entscheide jetzt: Träumst Du noch oder networkst Du schon? Denk daran, es ist Dein Leben – und Du hast nur eins …

GEFÄLLT MIR: 100.000.000.000 – DAUMEN HOCH!